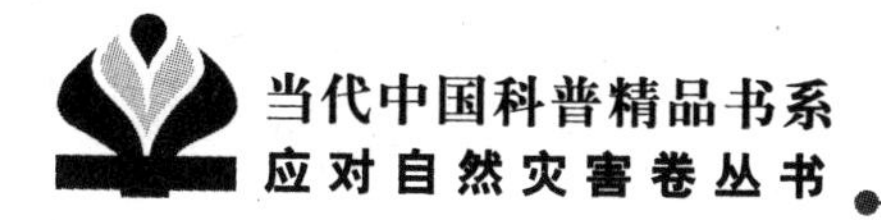

山崩地裂

——认识滑坡、崩塌与泥石流

张春山　杨为民　吴树仁　编著

科学普及出版社
·北　京·

图书在版编目（CIP）数据

山崩地裂：认识滑坡、崩塌与泥石流／张春山等编著．
——北京：科学普及出版社，2012.1
（当代中国科普精品书系，应对自然灾害卷）
ISBN 978-7-110-07624-8

Ⅰ.①山… Ⅱ.①张…②杨…③吴… Ⅲ.①滑坡－普及读物
②泥石流－普及读物 Ⅳ.① P642.2-49

中国版本图书馆 CIP 数据核字（2011）第 265148 号

策划编辑 许 慧 张 楠
责任编辑 张 楠 高雪岩
责任校对 林 华
责任印制 张建农
装帧设计 中文天地

出版发行 科学普及出版社
地　　址 北京市海淀区中关村南大街16号
邮　　编 100081
发行电话 010-62173865
传　　真 010-62179148
投稿电话 010-62176522
网　　址 http://www.cspbooks.com.cn

开　　本 787mm×1092mm 1/16
字　　数 110千字
印　　张 7.5
版　　次 2012年6月第1版
印　　次 2012年6月第1次印刷
印　　刷 北京金信诺印刷有限公司

书　　号 ISBN 978-7-110-07624-8/P·92
定　　价 18.00元

内 容 提 要

本书为"当代中国精品科普书系·应对自然灾害卷"中的一个分册。全书共四章，系统介绍了有关滑坡、崩塌、泥石流三种地质灾害的基本知识、主要危害、分布与发生规律、诱发条件、前兆反应、预防与避让措施等内容。内容丰富，结构严谨，通俗易懂，并结合大量的典型案例，以图文并茂的形式，深入浅出地讲解主要常见地质灾害的知识和理论，以提高其可读性。

本书既可为广大读者提供地质灾害方面的基础知识和防灾抗灾的有效措施，也可为专业技术人员特别是地质灾害监测预警人员提供技术参考。

《当代中国科普精品书系》
总编委会成员
（以姓氏拼音为序）

《应对自然灾害》分卷编委会成员

总 序

以胡锦涛同志为总书记的党中央提出科学发展观、以人为本、建设和谐社会的治国方略，是对建设中国特色社会主义国家理论的又一创新和发展。实践这一大政方针是长期而艰巨的历史重任，其根本举措是普及教育、普及科学、提高全民的科学文化素质，这是强国富民的百年大计、千年伟业。

为深入贯彻科学发展观和《中华人民共和国科学技术普及法》，提高全民的科学文化素质，中国科普作家协会以繁荣科普创作为己任，发扬茅以升、高士其、董纯才、温济泽、叶至善等老一辈科普大师的优良传统和创作精神，团结全国科普作家和科普工作者，充分发挥人才与智力资源优势，采取科普作家与科学家相结合的途径，努力为全民创作出更多、更好、高水平、无污染的精神食粮。在中国科协领导的支持下，众多科普作家和科学家经过1年多的精心策划，确定编创《当代中国科普精品书系》。

该书系坚持原创，推陈出新，力求反映当代科学发展的最新气息，传播科学知识，提高科学素养，弘扬科学精神和倡导科学道德，具有明显的时代感和人文色彩。书系由13套丛书构成，共120余册，达2000余万字。内容涵盖自然科学的方方面面，既包括《航天》、《军事科技》、《迈向现代农业》等有关航天、航空、军事、农业等方面的高科技丛书；也有《应对自然灾害》、《紧急救援》、《再难见到的动物》等涉及自然灾害及应急办法、生态平衡及保护措施的丛书；还有《奇妙的大自然》、《山石水土文化》等有关培养读者热爱大自然的系列读本；《读古诗学科学》让你从诗情画意中感受科学的内涵和中华民族文化的博大精深；《科学乐翻天——十万个为什么（创新版）》则以轻松、幽默、赋予情趣的方式，讲述和传播科学知识，倡导科学思维、创新思维，提高少年儿童的综合素质和科学文化素养，引导少年儿童热爱科学，以科学的眼光观察世界；《孩子们脑中的问号》、《科普童话绘本馆》和《科学幻想之窗》，展示了天真活泼的少年一代对科学的渴望和对周围世界的异想天开，是启蒙科学的生动画卷；《老年人十万个怎么办》丛书以科学的思想、方法、精神、知识答疑解难，祝福老年人老有所乐、老有所为、老有所学、老有所养。

科学是奇妙的，科学是美好的，万物皆有道，科学最重要。一个人对社会贡献的大小，很大程度上取决于对科学技术掌握及运用的程度；一个国家、一个民族的先进与落后，很大程度上取决于科学技术的发展程度。科学技术是第一生产力，这是颠扑不破的真理。哪里的科学技术被人们掌握得越广泛、越深入，哪里的经济、社会就发展得越快，文明程度就越高。普及和提高，学习与创新，是相辅相成的，没有广袤肥沃的土壤，没有优良的品种，哪有禾苗茁壮成长？哪能培育出参天大树？科学普及是建设创新型国家的基础，是培育创新型人才的摇篮。我希望，我们的《当代中国科普精品书系》就像一片沃土，为滋养勤劳智慧的中华民族、培育聪明奋进的青年一代提供丰富的营养。

刘嘉麒

2011年9月

分卷序

地球是茫茫宇宙中一颗蓝色的星球，是我们人类诞生以来唯一的家园。地球，一方面以其宜人的气候和丰富的资源为人类的繁衍生息提供了条件，另一方面又有各种各样频繁发生的自然灾害威胁着人类的生存，制约着人类社会的发展和进步。

自古以来，人类与自然灾害进行着不懈的抗争。在我国，《女娲补天》、《后羿射日》、《精卫填海》、《鲁阳挥戈》、《愚公移山》等古老的寓言故事，折射出古人应对干旱、洪水、暴风雨、地震、火山喷发、山崩、滑坡、泥石流等自然灾害的思想和实践。虽然，随着人类社会经济、科技和文明的进展，人类预防和减轻自然灾害的能力得到增强，防灾减灾的效果也在提高，但是，总体上看，人类在大自然面前还是渺小的，自然灾害依然是地球人生死存亡所面临的重大威胁，也是人类文明进步的严重制约。

数千年来，特别是近数十年来，人类与自然灾害周旋的经历和经验告诉我们，依靠科技进步、依靠灾害管理以及依靠公众参与是能否取得预防和减轻自然灾害的三个关键环节，而科技进步则是其中的核心，因为灾害的管理和公众的参与都需要以科技为基础。人们只有了解灾害的成因、特点和后果，才有可能找到预防和减轻灾害的途径。

作为《当代中国科普精品书系》的组成部分，本系列《应对自然灾害》包含了《当大地发怒的时候》、《地球大气中的涡旋》、《山崩地裂》、《水多水少话祸福》及《地球气候的变迁：过去、现在与未来》共5册，分别讲述有关地震和火山喷发、热带气旋（如台风）、地质灾害（崩塌、滑坡、泥石流）、洪涝与干旱灾害以及全球气候变化等方面的科学内容。编者希望通过这些小册子向读者传递相关的知识，增强读者的防灾减灾意识，提高社会的防灾减灾能力。

灾害是可怕的，严重的灾害可能让我们在转瞬间遭遇灭顶之灾，使我们费尽九牛二虎之力积累起来的财富顷刻间付诸东流；但是，灾害又不可怕，因为今天人类掌握的科学技术和社会经济力量可以帮助我们有效地预防和减轻灾害，真正可怕的是对于潜在的灾害缺乏防范意识，对如何应对灾害缺少必要的知识。无灾时高枕无忧，优哉游哉；遭遇灾害时惊恐万状，茫然不知所措，这才是最要命的！

但愿这些科普小册子在提高读者科学素质的同时，还教会人们防灾减灾的知识，确保个人平安、家庭平安、社会平安！

何永年

2011 年 11 日

前言

PREFACE

中国地质灾害种类多、发生频繁、危害严重，是世界上地质灾害比较严重的国家之一。本书首先介绍了地质灾害的种类、主要危害和危害方式，怎样避让和治理；重点讲述了崩塌、滑坡、泥石流等地质灾害的主要危害、分布特征、形成条件、易发地区、发生前兆、怎样预防、如何避让，灾害应急措施，可能引起的次生灾害，监测预警方法，如何治理等。希望广大读者通过阅读本书了解地质灾害的基础知识和常识，为今后防治地质灾害、建立群测群防网络提供有益的帮助。

随着我国社会经济的迅速发展，人类工程活动对地质环境的影响越来越大，局部地区往往超过自然动力作用而占主导地位。例如，人们修建公路、铁路、建房等进行的削坡工程，农业生产、土地整理等切坡造田工程，水利修建的引水渠、电站和水库工程等，都改变了周围原有的地质环境，这些工程在为人类造福的同时，也为地质灾害的发生埋下了隐患。目前，中国政府虽然非常重视地质灾害的治理与预防，注重保护人类生存环境，但由于受客观条件的限制，特别是在广大山区，大部分工程建筑都需要进行切坡，改变了岩土体的稳定性条件，如果切坡没有达到致使岩土体破坏变形的程度，则斜坡体保持稳定，不会引发滑坡、崩塌等地质灾害；反之，如果切坡达到了使岩土体破坏变形的程度，则斜坡体就会发生破坏，从而引发滑坡、崩塌等地质灾害。特别是有的斜坡虽然目前保持稳定，但在降雨、地震或其他振动作用下，岩土体强度降低，致使斜坡发生崩塌、滑坡，在降雨或河水作用下形成泥石流，造成人民生命财产的巨大破坏和损失。

由此可见，我国地质灾害的防治工作任重而道远，需要全国人民都本着“以人为本”的原则，强化地质灾害防治意识，时刻绷紧地质灾害防治这根弦，无论从事何种工程建筑和生产活动，都应进行地质灾害危险性评估，在确认发生地质灾害危险性小或采取必要措施后地质灾害危险性小的情况下才能进行施工。同时，注意保护地质环境，因为这不仅是当代人赖以生存的环境，同时也是子孙后代赖以生存的环境，一定要按照可持续发展的原则进行各类生产活动，为子孙后代留下可以生存的空间和环境。

《当代中国科普精品书系》由中国科普作家协会组织编写。《山崩地裂》是该书系中“应对自然灾害卷”的一个分册，由中国地质科学院地质力学研究所张春山研究员、杨为民研究员和吴树仁研究员共同完成。作者均为国家减灾委员会－科技部汶川地震抗震救灾专家组成员，其中张春山研究员担任次生地质灾害专家组副组长。出版本书的目的是提高社会公众对地质灾害现象的认识和了解减灾防灾知识。全书图文并茂，结构严谨，通俗易懂，重点对滑坡、崩塌、泥石流三种地质灾害进行科普教育。

本书可为具有初中以上文化程度的读者以及专业人员提供参考。

本书在写作过程中得到中国地震局何永年研究员、北京地震局邹文卫主任和洪银屏同志、中国地质调查局水文地质环境地质部主任殷跃平教授级高工的大力支持，在此一并致谢！

张春山

2011 年 9 月

CONTENTS

目录

第一章 山崩地裂（地质灾害）的基本概念

1 地质灾害的定义

“山崩地裂”是地质灾害的俗称。地质灾害有时候简称地灾，是以地质动力活动或地质环境异常变化为主要成因形成的自然灾害。也就是在内动力、外动力或人为地质动力作用下，地球发生异常能量释放、物质运动、岩土体变形位移以及环境异常变化等危害人类生命财产、生活生产活动或破坏人类赖以生存与发展的资源、环境的现象或过程。

2 地质灾害的主要种类

目前，对地质灾害的范围还没有形成统一的认识。根据地质灾害的形成原因、活动过程、分布规律等特征划分地质灾害类型，从不同角度反映地质灾害的共性与个性特点：①根据地质灾害的主导动力成因，分为内动力地质灾害、外动力地质灾害、人为动力地质灾害以及复合型地质灾害，其中内动力地质灾害和外动力地质灾害又称为自然地质灾害；②根据地质灾害活动与灾害动力的关系，分为原生地质灾害、次生地质灾害；③根据地质灾害动态特征，分为突发性地质灾害、缓发性地质灾害（或累进性地质灾害）；④根据地质灾害发生的自然地理条件划分为山地地质灾害、平原地质灾害、海洋地质灾害等；⑤根据地质灾害与社会经济和人类活动的依存关系，分为城市地质灾害、矿区地质灾害、工程地质灾害等。

中国地质灾害种类多、分布广、频次高、强度大、灾情重，是世界上地质灾害严重的国家之一。据初步调查统计，自1949年中华人民共和国成立到1998年底，全国共发生突发性地质灾害事件5万多起，其中一次死亡10人以上或经济损失1 000万元以上的重大地质灾害事件2 000多起。各种地质灾害共造成数十万人死亡，毁坏房屋达几千万间。此外，地质灾害还破坏铁路、公路、航运、水库、堤坝、通讯等工程设施，破坏土地资源、水资源、矿产资源、旅游资源和生态环境等。每年造成的直接经济损失达几亿到几十亿元。

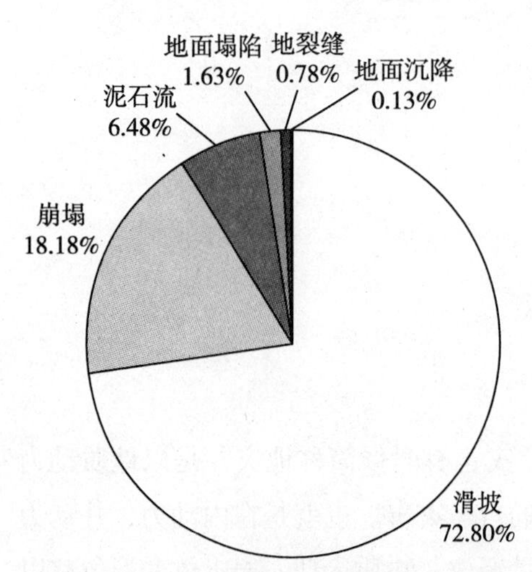

图 1-1　2010 年中国各类地质灾害构成及所占百分数图

（据国土资源部 2010 年度中国地质环境公报）

目前，国土资源部进行地质灾害危险性评估的地质灾害主要有崩塌、滑坡、泥石流、地面塌陷、地面沉降和地裂缝等（图 1-1）。

3 地质灾害的主要危害

（1）地质灾害对危害对象的作用方式　地质灾害对危害对象的作用方式可概括为3种：直接危害、间接危害和深远危害。

直接危害：主要表现为造成人员伤亡，破坏房屋、铁路、公路、水电工程设施，威胁城镇、村庄安全，威胁财产、牲畜、机械设备、各类物资、工农业产品等。其作用方式是灾害体与危害对象直接作用，灾害直接造成破坏或损失。

间接危害：主要表现为破坏耕地、草场、农作物、经济林等，造成农牧业减产，恶化农牧业生产条件，造成工厂停工、交通运输中断、水电工程效能降低等，以及人们为防治地质灾害和恢复生产的各种支出费用。其作用方式是地质灾害体与危害对象不发生直接作用，而是由灾害的连锁反应间接影响到其他相关产业减产、停工、效能降低，而造成破坏或损失。

深远危害：主要表现为破坏土地资源、水资源、生物资源及生态环境等。这些资源和环境一旦遭到破坏，需经过漫长的周期才能恢复，有的甚至是不可逆的。其作用方式是不造成直接危害或损失，但其对资源环境的破坏将造成地质灾害与环境相互作用的恶性循环，进而阻碍社会可持续发展，造成深远危害。

（2）形成危害的表现形式 造成人员、牲畜伤亡：崩塌、滑坡、泥石流等灾害具有突发性特点。地质灾害一旦发生，无论是人类还是牲畜等都很难避让或逃避，往往会造成人员伤亡和财产损失。我国是世界上地质灾害严重的国家之一，据统计，每年因地质灾害造成的死亡人数为 800 ~ 1 000 人，经济损失约 40 亿元（图 1–2，图 1–3），远超过世界其他国家水平（例如美国每年因地质灾害死亡人数低于 25 人）。

例如，2008 年 5 月 12 日在四川省汶川县发生 Ms8.0 级地震，根据震后各县市初步统计结果，震区诱发的地质灾害达 13 628 个。其中，滑坡 9 549 处，崩塌 3 406 处，泥石流 673 处，形成堰塞湖 34 处，直接经济损失达 438.012 亿元。威胁居民点和临时安置点共计约 13 577 处。崩塌、滑坡、泥石流造成的人员死亡大致占地震灾害总死亡人员的 1/3，其中，四川省 31 个灾难性滑坡死亡 4 996 人，最严重的一个灾难性滑坡，即北川县城的王家岩滑坡死亡 1 600 人。

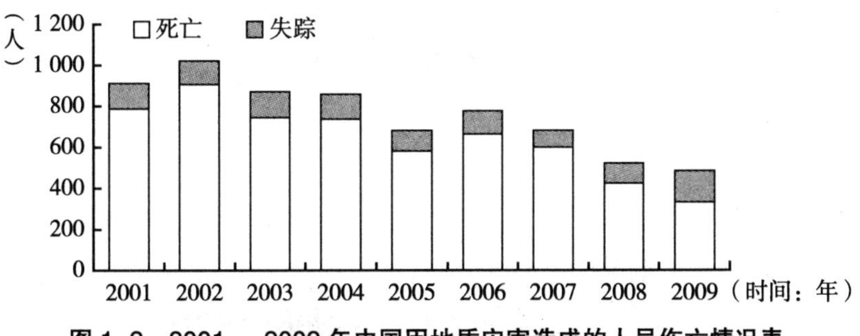

图 1–2　2001 ~ 2009 年中国因地质灾害造成的人员伤亡情况表

（据国土资源部 2009 年度中国地质环境公报）

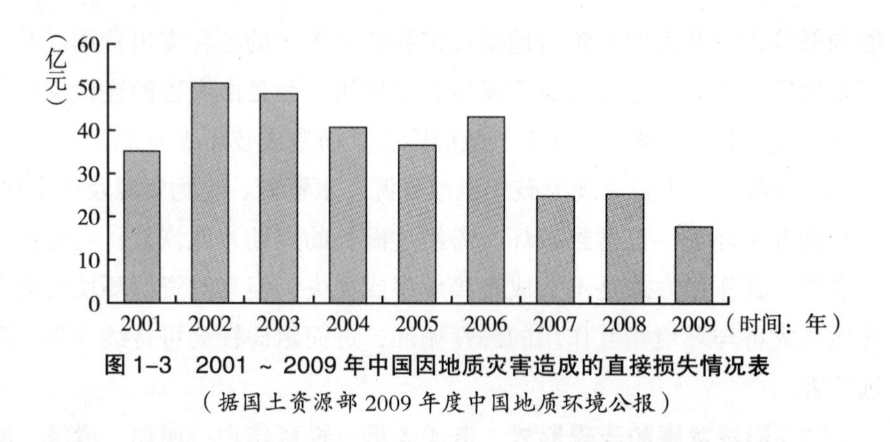

图 1-3　2001 ~ 2009 年中国因地质灾害造成的直接损失情况表

（据国土资源部 2009 年度中国地质环境公报）

破坏村镇、矿山、企业房屋等建筑物及工程设施，造成财产、物资、机械设备等损失或破坏　崩塌、滑坡、泥石流、地裂缝等灾害均可以对村镇的房屋、各种建筑物和工程设施造成不同程度的危害或破坏，同时也造成与上述建筑物及工程设施相关财产、物资、机械设备等损失或破坏。中国受崩塌、滑坡、泥石流灾害威胁的城市有 59 座，县城以下城镇 400 多个。一些地质灾害严重的城镇不得不搬迁重建。我国有 100 多个大型企业遭受崩塌、滑坡、泥石流灾害危害，一些企业被迫搬迁或停产废弃；有 55 个大型矿山遭受崩塌、滑坡、泥石流灾害危害。这些都造成大量的直接和间接经济损失。

破坏铁路、公路、航运、水电工程等，威胁交通安全　崩塌、滑坡、泥石流、地裂缝等灾害均可以对铁路、公路、航运、水电工程等各种交通运输线路及工程设施造成不同程度的危害或破坏。例如，2008 年 5 月 12 日在四川省汶川县发生的 Ms8.0 级地震造成公路 2 482 处损毁，总长约 636 千米，危害桥梁 21 座。

造成农牧业减产，公路、铁路运输中断、引水渠毁坏　崩塌、滑坡、泥石流等地质灾害均可以破坏土地资源，冲毁或淤埋公路、铁路、引水渠等。冲毁耕地、草场可以造成农牧业减产，形成间接损失。冲毁或淤埋公路、铁路可能造成效能中断，影响居民的正常生活及物资供应，形成间接损失。冲毁引水渠会造成水渠断流，影响浇地及居民用水，因造成人、财、物的浪费而形成间接损失。例如，2008 年 5 月 12 日在四川省汶川县发生的 Ms8.0 级地震损毁农林地共计 124 平方千米。

破坏资源环境，阻碍社会经济可持续发展 崩塌、滑坡、泥石流、地裂缝等地质灾害均可破坏各类资源，如土地资源、水资源及矿产资源，并使生态环境恶化。冲毁耕地、草场不仅造成农牧业减产，还对当地生态环境产生破坏，特别是耕地恢复缓慢，造成耕地面积减小。采矿形成的地裂缝可能改变水资源环境，使地下水位埋深增大，甚至是将地下水引入矿井，造成矿井疏干量增大，浪费电力资源。地质灾害对资源环境的破坏，是目前进行的新农村建设中阻碍社会经济发展的因素之一。

地质灾害的受灾体 地质灾害的破坏非常广泛，因此受灾体种类特别多，大致可分为20多类：人；畜禽和养殖品；农作物；林果花卉；耕地、草地；房屋；生命线工程；水利工程设施；铁路设施；公路设施；水运设施；航空设施；生活与生产构筑物；机械设备与仪器仪表、工具、工业原材料、工业产品；商储物资；办公设备；个人与家庭生活、生产用品；其他设施与物品；水、土地、生物、矿产、旅游、海洋等资源；生态环境。不同地质灾害的主要受灾体不同。受灾体数量、价值及其对地质灾害的抗御能力与灾后可恢复性不同，地质灾害造成的破坏损失程度就不同——同等灾害强度下，受灾体数量越多、价值越高、对灾害的防御能力和灾后恢复性越差，灾害的破坏损失越严重。划分受灾体类型、认识受灾体特征是进行地质灾害风险评价以及实现地质灾害灾情调查统计标准化、信息化的重要基础。

4. 中国地质灾害的分布规律

地质灾害在空间分布上受地质环境条件制约，越是地质环境差的地段，地质灾害越集中发育。特定的地形地貌、岩土条件、斜坡结构类型是形成地质灾害的必要条件。我国85%的地质灾害发生在黄土高原区、秦巴山区、川滇藏地区以及湘西鄂西地区。其中，滑坡灾害是最重要的地质灾害之一，而在滑坡灾害中，黄土滑坡约占35%。黄土高原地区，是我国地质灾害最为高发的地区。该区地形切割剧烈，高差相对较大，以中低山及黄土残塬、梁、卯为主；岩土体风化破碎，大部分地区具有多元结构；发育多条NW向及NE向断裂等。这些都是地质灾害形成的有利条件。因此，在断裂带发育地带，地形变化剧烈的地带及岩土结构复杂的地区都容易发生地质灾害，并且大都具有地质灾害的群发性（图 1–4）。

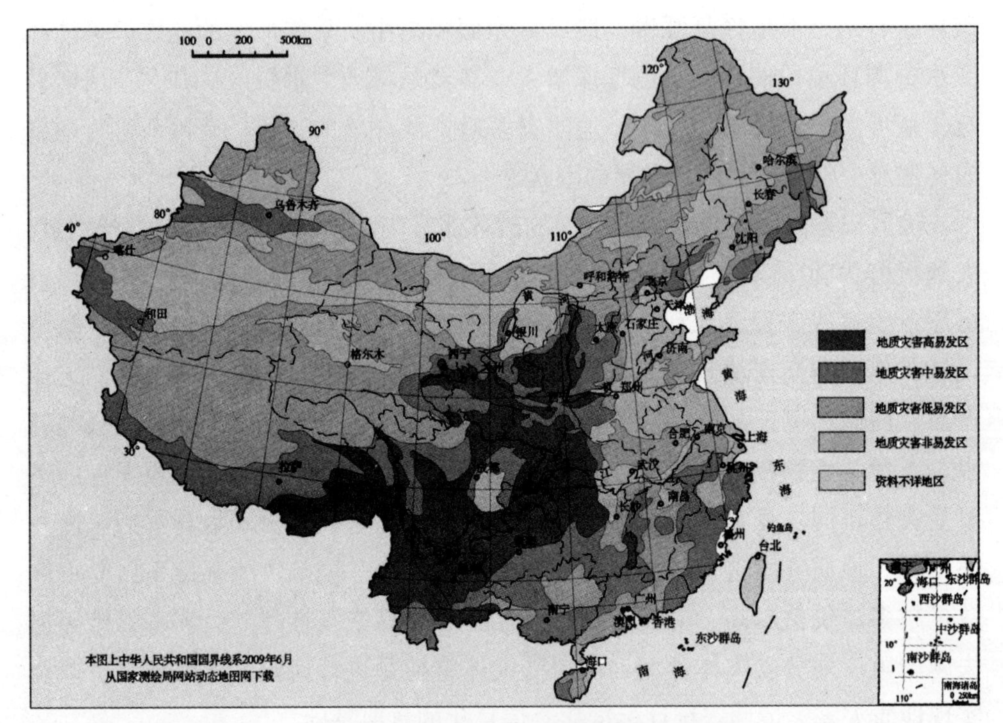

图 1–4　中国地质灾害易发程度分区图

5 地质灾害的特性

中国地质灾害发育总体上具有如下特点。

（1）群发性　地质灾害与降水、地震等诱发因素关系密切。我国许多崩塌、滑坡、泥石流灾害与降雨密切相关。在岩土、斜坡等条件具备的情况下，降水是地质灾害形成的主要诱发因素。地质灾害的群发性特征表现在两个方面：一是当某年降雨量明显增大时，这年为地质灾害高发年；当某一次降雨为暴雨或特大暴雨，且持续时间较长时，这次降雨也可能诱发大范围的地质灾害发生。此外，一次强震诱发的崩塌、滑坡、泥石流灾害更是极具群

发性。如 1920 年宁夏海原 8.0 级地震共诱发次生地质灾害 667 处，2008 年四川省汶川 Ms8.0 级地震共诱发次生地质灾害 13 000 余处。

（2）突发性 除个别滑坡为低速蠕滑，对居住在滑体上的村民房屋造成变形、开裂为缓发性灾害外，大多数崩塌、滑坡、泥石流灾害均为突发性灾害，一般会造成灾难性的破坏。突发性灾害往往难以预料，具瞬时性（发生历时短）、速度快（在很短的时间内造成灾难性的后果）的特点。如陕西陇县庙岭梁滑坡，1988 年 8 月 13 日突然发生滑坡，滑距约 40 米，从开始滑动到结束仅几分钟；2005 年 9 月 20 日，陇县地区普降大暴雨，在神泉—关山的公路两侧引发多处泥石流，冲毁公路 20 余处。

（3）周期性 周期性主要表现在两个方面：一是指地质灾害与年际降水之间的关系，表现为大约 10 年不规则的周期性。丰水年地质灾害的发生频次明显偏高，且形成波浪起伏的灾害时间序列（图 1–5，图 1–6）。其次表现在同一年中，雨季是地质灾害的多发期，尤其是 7 ~ 9 月份降水高峰期更为集中，具体发生时间大多和降水同步或滞后（图 1–7）。

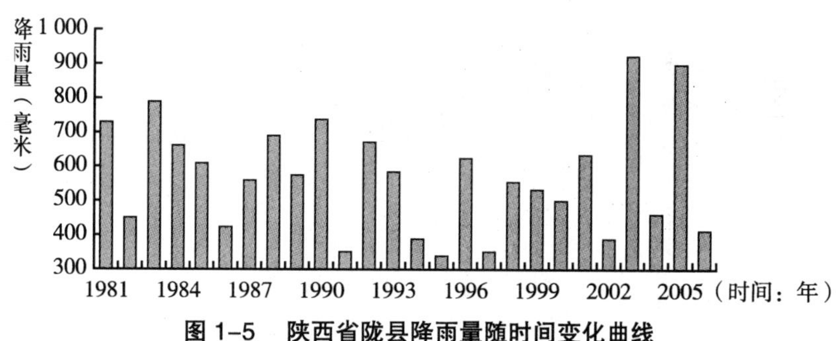

图 1–5 陕西省陇县降雨量随时间变化曲线

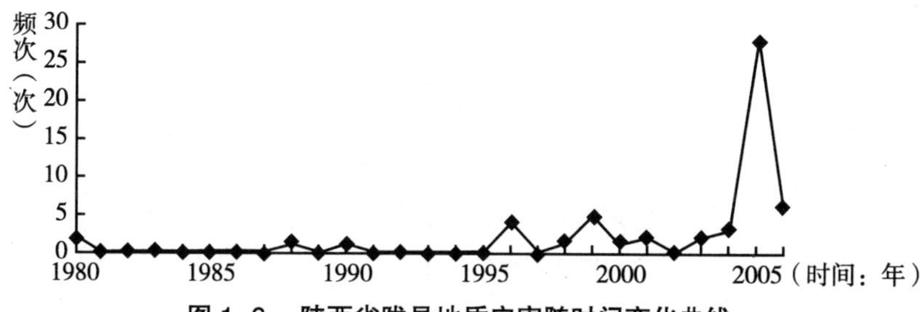

图 1–6 陕西省陇县地质灾害随时间变化曲线

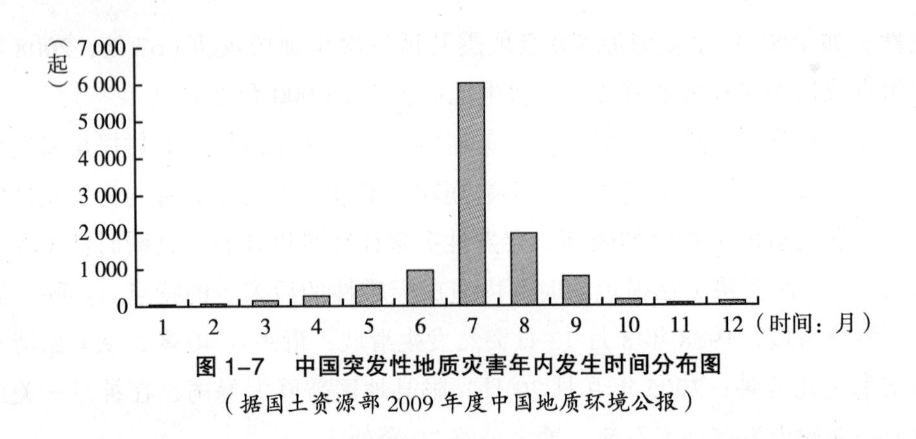

图 1–7　中国突发性地质灾害年内发生时间分布图
（据国土资源部 2009 年度中国地质环境公报）

6 地质灾害调查

地质灾害调查方法很多，可归纳为三大类：采用现代化技术手段进行调查，访问调查和现场调查。

采用现代化技术手段进行调查：主要是利用遥感影像、航空照片和卫星照片进行判读。这种调查方法速度快、效率高，可节省人力资源，但费用较大，而且难以确定早期地质灾害的形成时间（图 1–8）。

图 1–8　滑坡地质灾害遥感影像解译图
（图中虚线为滑坡范围）

访问调查：主要是对知情人员或当地居民进行访问，调查地质灾害形成时间、发生过程，危害程度，防治措施等。

现场调查：主要调查灾害体的规模、形态、灾害现象，必要时

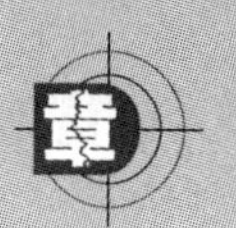

进行山地工程勘查，包括钻探、开挖浅井和探槽等（图 1-9，图 1-10）。

在地质灾害调查的基础上分析地质灾害体的稳定程度、发生频次和概率，根据地质灾害的形成条件进行地质灾害监测预警和预报。

图 1-9　滑坡体钻探施工

图 1-10　滑坡体边缘开挖探槽和浅井

7 地质灾害的形成条件

（1）地质灾害的基本属性 地质灾害是地质动力活动或地质环境异常变化对人类生命财产和生活、生产以及支持人类生存与发展的资源、环境的破坏现象或过程。地质灾害是地质活动与人类活动相互作用的结果，其属性包括自然属性和社会属性。

地质灾害的自然属性是地质动力活动及地质环境变化要素，主要包括内动力地质作用、外动力地质作用以及与它们密切相关的大气环境、水环境、岩土环境的异常变化。

地质灾害的社会属性是人类的生存与发展要素，主要包括人类的生命健康、生活生产和维持人类生存与发展的基础条件，以及人类对地质灾害的抗御活动。这两方面属性分别作为灾害体和受灾体共同构成地质灾害，并决定了地质灾害的程度或规模。

从另一个角度看，如果不发生地质动力活动或地质环境异常变化，就不会出现崩塌、滑坡、泥石流等现象，因此也就不会发生地质灾害；同时，如果没有人类及其各种活动，或者人类具有充分的减灾能力，能够完全有效地防治地质灾害的破坏作用，也不会发生地质灾害。因此，在那些地质动力活动比较微弱，地质环境比较稳定的地区，地质灾害很少发生；在人类出现以前，地震、崩塌、滑坡、泥石流等只是伴随地球运动和演化而发生的地质动力现象，构不成灾害；在人类出现以后，这些地质动力现象就时刻危害人类的生存与发展，成为不可避免的自然灾害。但在不同时期和不同地区，由于人类生存与活动的方式不同，社会经济发展水平不一，对地质灾害的抗御防治能力有所差异，所以地质灾害的种类和危害程度也不相同。

（2）地质灾害的形成条件与主要影响因素 地质灾害活动，主要受各种自然条件控制，其次受耕植、放牧、采矿、引水和工程建设等人类活动以及受灾体类型的影响。

不同类型地质灾害的形成条件和主要控制因素不同：崩塌、滑坡、泥石流属于外动力地质灾害，主要受地形地貌、地质构造、岩土、气候、水文、

植被等条件控制，其次受耕植、采矿、工程建设以及破坏植被等人为活动影响；地裂缝主要受新构造活动、岩土、水文地质以及人类开采地下水、采矿等活动控制。

各种条件对地质灾害活动的作用不同，可概括为两种类型：地质灾害活动的基础条件，地质灾害活动的动力条件或激发因素。例如，崩塌、滑坡、泥石流灾害——地貌、岩土体性质与结构是其形成的主要基础条件，强烈的现今构造活动（地震）和暴雨、洪水以及采矿等是其形成的激发因素；地裂缝——岩土性质与结构、水文地质与工程地质条件是其形成的基础因素，构造运动、采矿、开采地下水等是其形成的主要激发因素。

地质灾害受灾体条件主要包括：人口数量与密度；城镇及房屋、铁路、公路、水利、电力、通信等工程设施；畜禽、耕地、农作物、草场；公用与私人财产类型及价值；第一产业、第二产业、第三产业；土地、水、生物、矿产等国土资源与生态环境；地质灾害防治工程及其他减灾措施。

上述各种条件共同决定了地质灾害能否形成以及地质灾害的成灾程度：当地质灾害活动作用于受灾体，并超过受灾体的抗御能力时，受灾体发生破坏损失，即出现地质灾害；地质灾害活动条件越充分，地质灾害活动的能量和规模越大，活动越频繁，受灾体的数量和密度越高，对地质灾害的破坏作用越敏感，防治能力越差，地质灾害的成灾程度越高，造成的破坏损失越严重。

8 地质灾害监测手段与方法

运用各种手段和方法，测量监视地质灾害活动以及各种诱发因素动态变化的工作，称为地质灾害监测。地质灾害监测是预测预报地质灾害的重要依据，因此是减灾防灾的重要内容。地质灾害监测的中心环节是通过直接观察和仪器测量记录地质灾害发生前，各种前兆现象的变化过程和地质灾害发生后的活动过程。此外，地质灾害监测还包括对影响地质灾害形成与发展的各种条件的观测。例如，降水、气温等气象观测；水位、流量等陆地水文观测；潮位、海浪等海洋水文观测；地应力、地温、地形变、断层位移和地下水位、地下水水化学等地质、水文地质观测等。地质灾害监测方法主要有：卫星与遥感监测；地面、地下、水面、水下直接观测与仪器台网监测。不同地质灾害的监测方法和监测的有效程度不同。总的看来，目前国内外地质灾害监测水平还比较低，远不能满足防灾减灾要求。今后地质灾害监测的发展趋向是：全面提高监测能力，丰富监测内容，实现各种监测方法的相互配合，提高信息处理和综合分析能力；在加强专业监测的同时，在灾害多发区建立群测群防体系，大力推进社会化监测工作；把地质灾害监测同其他一些自然灾害以及环境监测有机地结合起来，形成广泛的综合监测网络。

9 地质灾害的预防与避让

对地质灾害的预防应从两个角度来考虑：一是建筑物远离地质灾害影响范围，二是在灾害点进行监测预警并立警示牌。主要包括下列措施。

（1）新建房屋建筑选址应避开陡崖或危岩体、冲沟沟口，建在平坦安全的地区。

（2）对已建或在建的建筑物及居民点逐一进行地质灾害隐患排查，不留死角。对存在安全隐患的居民区，建议当地政府立即组织转移至安全的地方，避让地质灾害。

（3）建立和完善地质灾害群测群防监测预警体系，加强对人口聚集区地质灾害的监测预警。做到每个灾害隐患点都有专人监测，并确定撤离信号。一旦遇到险情，及时组织群众撤离到安全的地方。

（4）在地质灾害隐患点应立警示牌，提醒在山区道路上行进的人员和车辆注意安全。

（5）把公路、铁路沿线地质灾害调查评估结果及时反馈给地方政府、交通、铁道部门，并提出加强巡查、避让危险和排除危险的建议。

（6）经常发生滚石、飞石等山区道路附近，应立警示牌，提醒在山区道路上行进的人员和司机注意观察，防范山坡上的滚石、飞石。

（7）利用电视、广播、互联网等加大宣传力度。同时，要充分发挥村镇干部的作用，提醒广大群众，外出活动要时刻注意观察，防范地质灾害。

（8）对威胁主要流域的地质灾害应加强监测，注意汛期由于降雨、河床水位上涨引发的岸坡失稳坍塌、滑坡、泥石流。

10 地质灾害的治理

如果城镇和居民点位于地质灾害高危险，且无法避让的地区，应对地质灾害隐患点采取各种防治措施，主要包括监测预报、工程防治、生物防治。其方法主要包括如下几个方面。

（1）对隐患点安装监测仪器，及时对灾害进行预报和预警，确保人民生命安全（图 1–11）。

图 1–11　安装监测仪器

（2）对滑坡、崩塌隐患点采取喷锚加固、削坡卸载、堆压坡脚、填埋裂缝、修建挡墙、修建防护网、浇注搞滑桩等措施（图 1–12 ~ 图 1–19），加固边坡的稳定性。

（3）对泥石流沟谷以修建排导槽、栅栏坝防护为主。

（4）对存在安全隐患的地点或地区，进行生物工程防治，以种植树、草等植被为主，加大边坡的保水固土能力。

（5）修建小型水库，加强沟谷调洪蓄水能力，降低洪水或泥石流对居民点的威胁程度。

减灾的根本目的是保护人民生命财产安全，保证人民正常生活和各项产业活动的正常进行，保护资源环境，促进社会稳定与经济发展。减灾的基本途径是：减少灾害活动的频次、减轻灾害活动强度或活动规模——特别是避免或减少各种人为灾害以及人为自然灾害活动；采取各种措施，保护受灾体或增强受灾体的抗灾能力，避免或减少受灾机会，减轻灾害破坏损失程度；实行有效的抗灾、救灾和灾后恢复重建措施，减少灾害的直接和间接经济损失，以及灾害的社会危害。减灾的指导思想和基本原则是：预防为主——加强灾害预测预报，制定减灾规划和紧急预案，实施各种防治工程等；综合减灾——防灾、抗灾、救灾相结合，工程减灾与非工程减灾相结合，行政手段与法律手段、经济手段相结合，减灾与环境治理相结合，减灾与社会经济发展相结合；社会化减灾——政府、企业、社会团体、民众共同参与减灾，形成广泛的社会减灾体系。

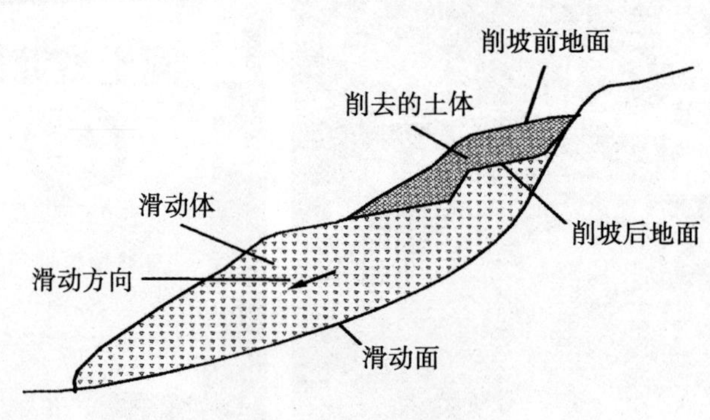

图 1–12　削坡措施

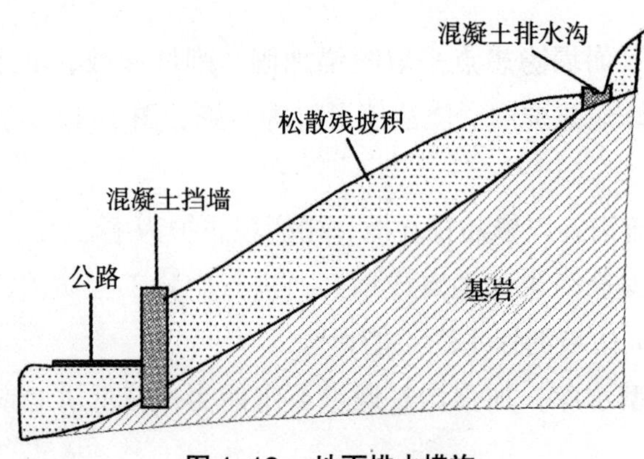

图 1–13　地面排水措施

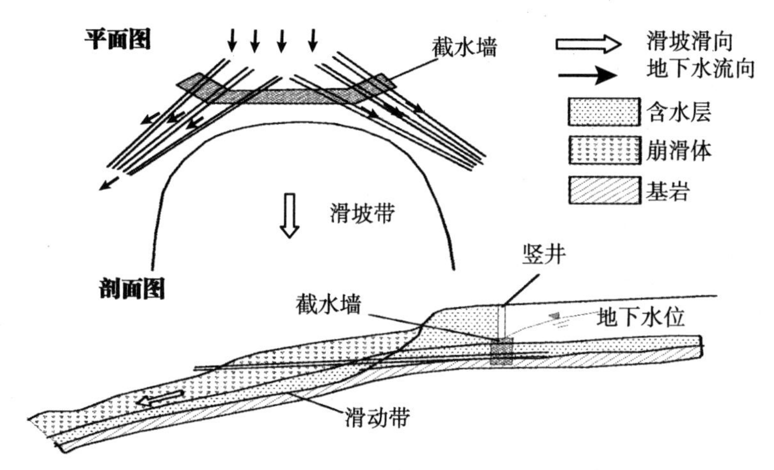

图 1–14　地下排水截水与平硐排水措施

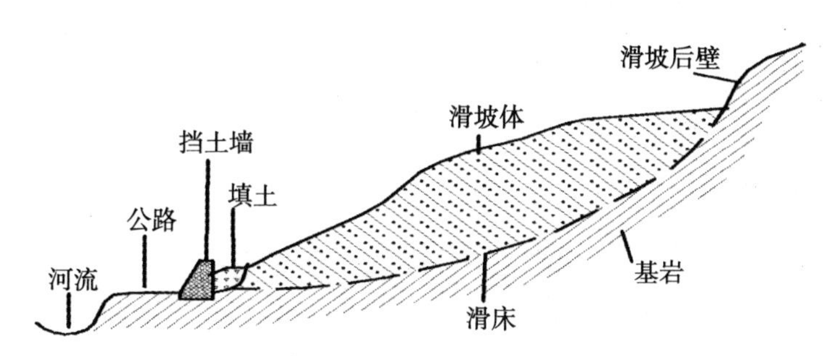

图 1–15　修建挡墙措施

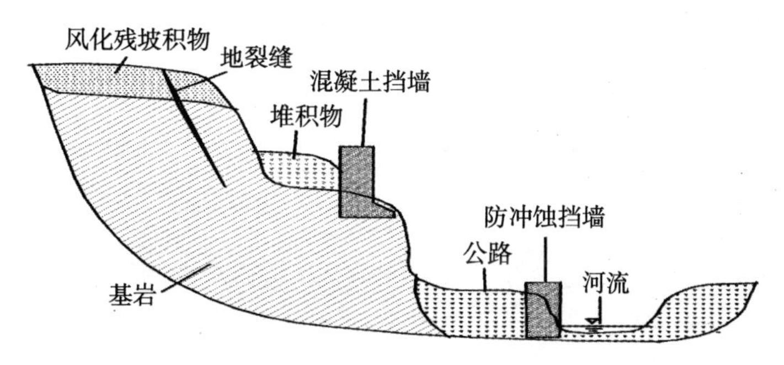

图 1–16　修建防洪防冲蚀挡墙措施

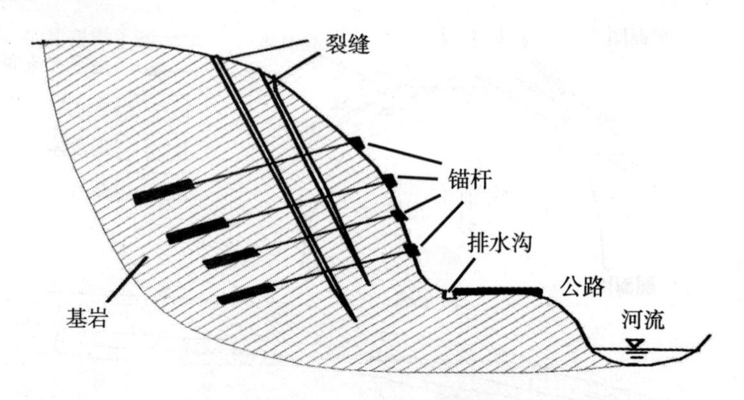

图 1-17　锚索加固措施

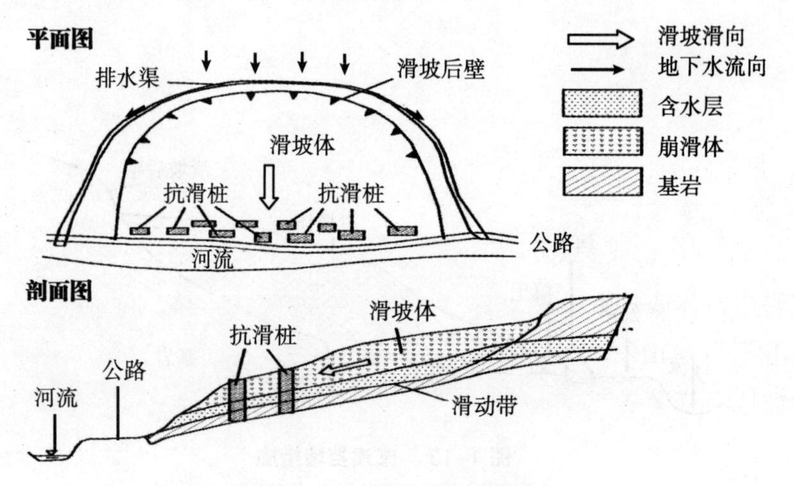

图 1-18　浇注抗滑桩措施

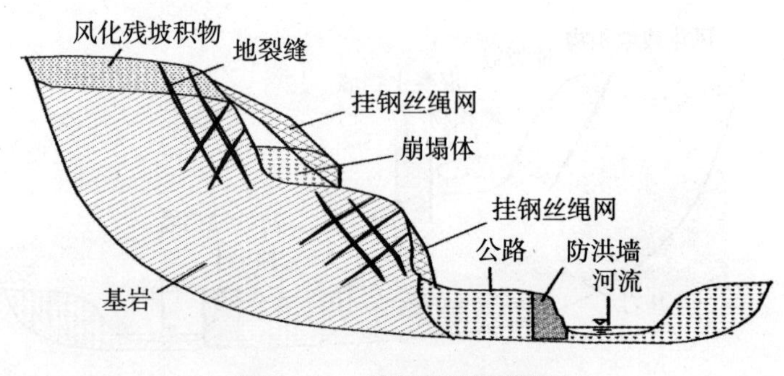

图 1-19　挂钢丝绳网措施

PART 2

第二章

滑坡地质灾害

第一节　滑坡地质灾害简介

1　滑坡地质灾害的概念

滑坡是指山坡在河流冲刷坡脚、降雨、地震或人工切坡等因素影响下，土层或岩层整体或分散地顺斜坡向下滑动的现象。滑坡也叫地滑，群众中还有“走山”、“垮山”或“山剥皮”等俗称。当滑坡向下滑动的速度较快，并且当滑坡体上或者滑坡下滑沿途有城镇、村庄分布时，常常由于人们猝不及防而造成巨大生命和财产损失（图 2–1，图 2–2）。因此，滑坡灾害是一种突

图 2–1　5.12 汶川大地震北川县王家岩滑坡

图 2–2　贵州省关岭 6.28 特大滑坡灾害

发性地质灾害。滑坡一般由滑坡体、滑动面（或滑动带）、滑床三部分组成。滑坡体即是发生滑动的那部分坡体，又可细分为滑坡后壁、主滑体、滑坡前缘、横张裂隙、纵张裂隙等（图 2–3）。

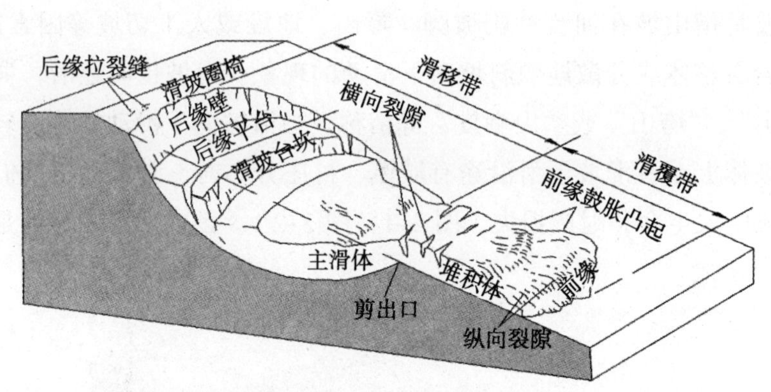

图 2–3　滑坡形态要素示意图（据李智毅等，1994）

2 滑坡的种类

关于滑坡的分类有多种，不同部门有不同的分类方法。一般，按岩土类型来划分滑坡能够综合反映滑坡的特点，可将滑坡首先分为岩质滑坡和土质

滑坡两大类（图 2-4，图 2-5）。土质滑坡又可细分为堆积层滑坡、黄土滑坡、黏土滑坡三类。下面简单介绍各类滑坡的基本特征。

（1）堆积层（包括残积、坡积、洪积等成因）滑坡 这些堆积层常由崩塌、坍方、滑坡或泥石流等所形成。滑坡体厚度一般从几米到几十米（图 2-6）。

（2）黄土滑坡 大多发生在不同时期的黄土层中，常见于高阶地前缘斜坡上，多群集出现。大部分深、中层滑坡在滑动时变形急剧，速度快，规模大，破坏力强，常伴随崩塌，与崩塌难以区分，危害较大（图 2-7）。

图 2-4 岩质滑坡示意图
（据中国地质调查局，2008）

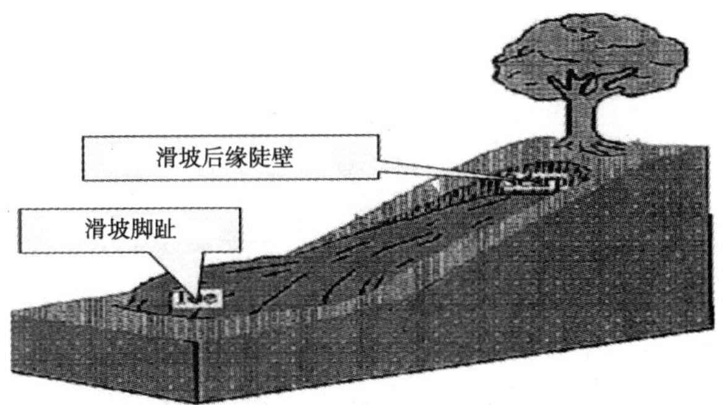

图 2-5 土质滑坡示意图
（据中国地质调查局，2008）

图 2-6 云南省新平平掌滑坡（2005）

图 2-7　甘肃省皋兰县黄土滑坡（2007）

（3）黏土滑坡　主要是指发生在平原或较平坦的丘陵地区的黏土层（如成都黏土、红黏土以及山西一些黏土岩的残积土等）中的滑坡。这些黏土多具有网状裂隙。一般以浅层滑坡居多，但有时滑坡体的厚度也可达十几米（图 2-8）。

（4）岩质滑坡　指各种基岩顺层或切层形成的滑坡。较常见的有由砂岩、泥岩、页岩组成的岩层，片状或薄板状的结构面发育的岩层。以顺层岩质滑坡最为多见，滑动面是层面或软弱结构面。常发育于河谷两岸（图 2-9）。

图 2-8　四川省平武黏土滑坡（2008）

图 2-9　湖北省宜万铁路巴东段岩质滑坡（2007）

3 滑坡的主要危害

滑坡的主要危害表现在毁坏土地，破坏建筑物、道路和桥梁等工程设施，造成人民生命财产损失。而特大型滑坡的危害更为严重，主要表现在三个方面。

（1）特大型滑坡造成“群死群伤”，危害巨大（图 2-10，图 2-11）。

（2）常形成堵江溃坝事件“灾害链”。如 2003 年 7 月 18 日，湖北省秭

图 2-10　北川新县城滑坡

图 2-11　陇海线吴庄滑坡（据刘传正，2004）

归县千将坪滑坡堵江，造成 24 人失踪，近千人居住的村庄被毁（图 2-12）；2000 年 4 月 9 日，西藏波密县易贡乡发生巨大山体崩滑，碎屑物质堵塞易贡藏布河，形成一道天然坝体，溃坝后，下游几十千米的道路和多座桥梁被毁（图 2-13）。

（3）对海洋工程的危害常表现为海底地基发生滑坡，引起海上钻井平台的下沉、滑移和倾倒事故，造成严重经济损失。例如，1982 年 9 月在墨西哥海湾，飓风触发海底滑坡，使两座当时世界上工作水深最大的采油平台翻倒，仅在设备上造成的经济损失就达 1 亿多美元。又如我国渤海湾二号钻井平台，1973 ~ 1979 年曾因海底滑坡发生一次倾斜下沉，9 次滑体，造成了巨大的经济损失。

图 2-12　湖北省秭归县千将坪滑坡堵断长江

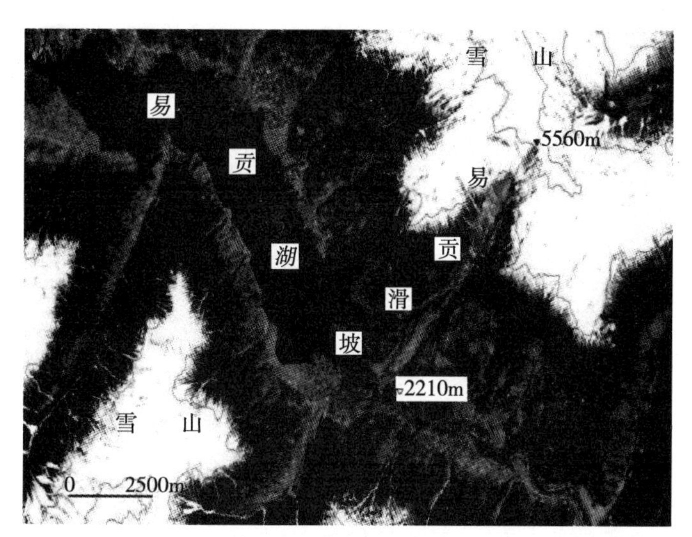

图 2-13　西藏自治区波密县易贡乡发生巨大山体崩滑

4 不稳定斜坡的概念

不稳定斜坡指天然斜坡或者人工边坡在重力作用、风化剥蚀作用、地表水侵蚀作用、地下水潜蚀溶蚀作用以及地震活动、人类活动等作用下，斜坡体外表或内部产生变形，以致有可能失稳发生地质灾害的斜坡。一般，不稳定斜坡常发生崩塌或滑坡（图 2-14，图 2-15），给人类造成危害。此外，若

图 2-14　湖北省巴东大滩滑坡（据湖南省地质环境监测总站，2007）

图 2-15　元磨高速公路高边坡滑坡（据唐辉明，2007）

斜坡体变形发展缓慢，则表现为坡体错落、落石和岩土体蠕变等。它们虽然有时也对人类造成危害，但一般比较轻微。

5 不稳定斜坡的判别方法

斜坡稳定性一般可划分为稳定性好、稳定性较差、稳定性差三级。在野外斜坡稳定性可根据坡度角、坡体、坡肩等方面来判别。若斜坡坡脚临空，坡度较陡且常处于地表水的冲刷之下，坡脚有季节性泉水出露，坡脚岩土体潮湿或被水浸泡；坡体平均坡度 > 40°，坡面上有多条新发生的裂缝，其上建筑物、植被有新的变形迹象，发育有拉开的裂缝；且坡体顶部或两侧可见明显拉开的裂缝或地物位移迹象，有积水或存在积水地形，则斜坡处于不稳定状态，即稳定性差。反之，则斜坡稳定性好。

6 容易产生滑坡的地方

能够发生滑坡的地方，都是具有一定坡度的斜坡地带。坡上的一些土壤或岩石在平时看起来是稳定的，但是内部并不是一个完整实体。如果发生了某些变化，破坏了滑动部分（叫滑坡体）与下面岩石部分（叫滑床）的连接，在重力的作用下，上面的一部分就会滑到下面去。这些变化包括岩石的构造、物质的黏性、坡度及坡底部天然或人工切割、所含水分等。例如，渗进坡体中的水分会使岩石和土壤之间的强度及摩擦力变小而产生滑动；流水掏空坡脚，使坡上部分向下滑动的力量失去阻碍等。发生地震、爆炸等地区也易发生滑坡。

7 滑坡的诱发条件

（1）自然因素 包括降雨、水库河水冲刷、季节温差变化、地震等，尤以暴雨、长时间连续降雨是产生滑坡的最主要自然因素（图 2–16）。

（2）人为因素 包括开挖边坡、堆填加载、采掘矿产资源、乱砍滥伐、渠道渗水、劈山采石等。尤以开挖边坡，使原有斜坡下部失去支撑，形成人工高陡边坡，是产生滑坡的最主要人为因素。

①开挖边坡会诱发滑坡灾害。在工程建设中，过度追求场地的绝对平整，不仅会增加建设费用，而且因之形成的挖、填方边坡还可能成为滑坡隐患。我国黄土高原新农村建设及南方不少地方经常在植被茂密但岩层风化强烈的斜坡地段开挖，形成圈椅状边坡围成的场地，而又不能采取必要的支护，遇暴雨时，极易遭受滑坡灾害（图 2–17）。江西省瑞金丘陵山区切坡建房，边波土体风化强烈，稳定性差，极易发生滑坡（图 2–18）。

②随意兴建池塘也会诱发滑坡灾害。在县（市）、乡（镇）、村建设中，

图 2–16 四川省宜宾兴文暴雨诱发滑坡（据刘传正，2004）

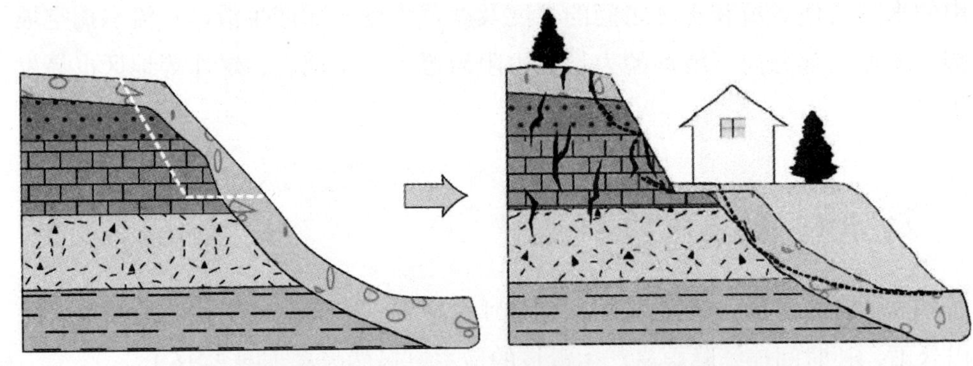

图 2-17　人为改造（切坡和填坡）边坡示意图（据中国地质调查局，2008）

图 2-18　江西省瑞金丘陵山区滑坡（2005）

为了生活、生产用水的需要，常常新建不少池塘，也美化了居住环境。由于未经过合理的选址和设计，这些池塘往往建设在滑坡体或不稳定的斜坡上。当滑坡体或不稳定斜坡发生变形拉裂（图 2-19）时，池塘的水体极易渗入坡体中，加剧滑坡的变形破坏，造成严重的滑坡地质灾害。因此，应该合理地选择池塘的位置，特别是位于房屋后部斜坡上时更应该注意，同时，也要控制池塘的规模。

③轻视基础设施建设将会诱发滑坡灾害。在许多县（市）、乡（镇）、村的规划建设中，往往对房屋建筑设施较重视，但对生活废水和雨水的排放设

图 2–19　滑坡体上的池塘极易拉裂（据中国地质调查局，2008）

施重视不够，形成了常年不断的入渗水源，致使坡体稳定性大大降低，地面裂缝增加增大；乡村的排水设施，特别是位于后山的拦山堰等地基处理较差，很快拉裂破坏，暴雨时不仅发挥不了排水的作用，反而起到汇集地表水渗入坡内的恶果；平场或道路切坡后，未能对边坡合理加固，引发了较大范围的滑动（图 2–20）。

图 2–20　边坡未加支护，垃圾随意堆放沟中，存在滑坡泥石流隐患（甘肃省兰州）

图 2-21　2005 年福建安溪植被茂密区发生的滑坡灾害
（据中国地质调查局，2008）

④随意选择植物绿化斜坡也可能诱发滑坡灾害。大量的事例说明，当斜坡较陡，表层土体松软时，过密的植被、过高的乔木反而更易引起表层滑坡，农村常称为“鬼剃头”，香港称为“山泥倾泻”，国外的教科书称之为“碎屑流”、“泥流”、“泄流”等。后山绿化是防治滑坡型泥石流的一种好方式，但是要常常查看后山植被的变形情况，如出现“马刀树”、“醉汉林”等情况，则表示斜坡不稳定。在台风等多发区，房屋后面斜坡一定范围内，最好不要种植茂密的竹林或高大乔木，“树大招风”，树木迎风摆动会加剧土体的松动和促进水体的渗入，导致山坡稳定性下降，甚至诱发滑坡灾害（图 2-21）。

8　滑坡可能引起的次生灾害

滑坡可能引起的次生灾害有：人员伤亡，交通堵塞，水库、水电站堤坝破坏，阻断河道形成堰塞湖（图 2-22），水灾，以及恢复通电时可能引起火灾，造成危险化学品、军工科研生产重点设施、输油气管道等受损。

图 2-22　唐家山堰塞湖（四川，2008）

第二节　滑坡地质灾害的分布规律及典型实例

1　中国滑坡地质灾害的分布规律

滑坡在我国分布非常广泛（图 2-23）。据统计，自 1949 年以来，我国东起辽宁、浙江、福建，西至西藏、新疆，北起内蒙古，南到广东、海南，至少有 22 个省、市、自治区不同程度地遭受过滑坡的侵扰和危害。我国地域辽阔，山地占国土总面积的 65% 以上，滑坡绝大部分集中在山地。四川是我国发生滑坡次数最多的省，约占全国滑坡总数的 1/4。其次是陕西、云南、甘肃、青海、贵州、湖北等省，它们是我国滑坡的主要分布区域。总的看来，我国滑坡的分布受气候和地貌控制。全国气候以大兴安岭—吕梁山—六盘山—青藏高原东缘一线为界，东部为半湿润和湿润地区，年降雨量多在 500 毫米以上；西部多为干旱地区，年降雨量在 500 毫米以下，其中西北地区只有 100 ~ 200 毫米。东部丰沛的降水尤其是大雨、暴雨极易造成坡体软弱面的剪切破坏，形成滑坡。

中国地层发育齐全，各种泥质、粉质、泥灰质、凝灰质及其变质岩系地层广泛分布，尤其是在地势第二阶梯上，广大的高原、山地和丘陵地区分布着黄土、黏土、铝土岩、砂页岩、泥灰岩等易滑岩土。这些易滑地层遇水极

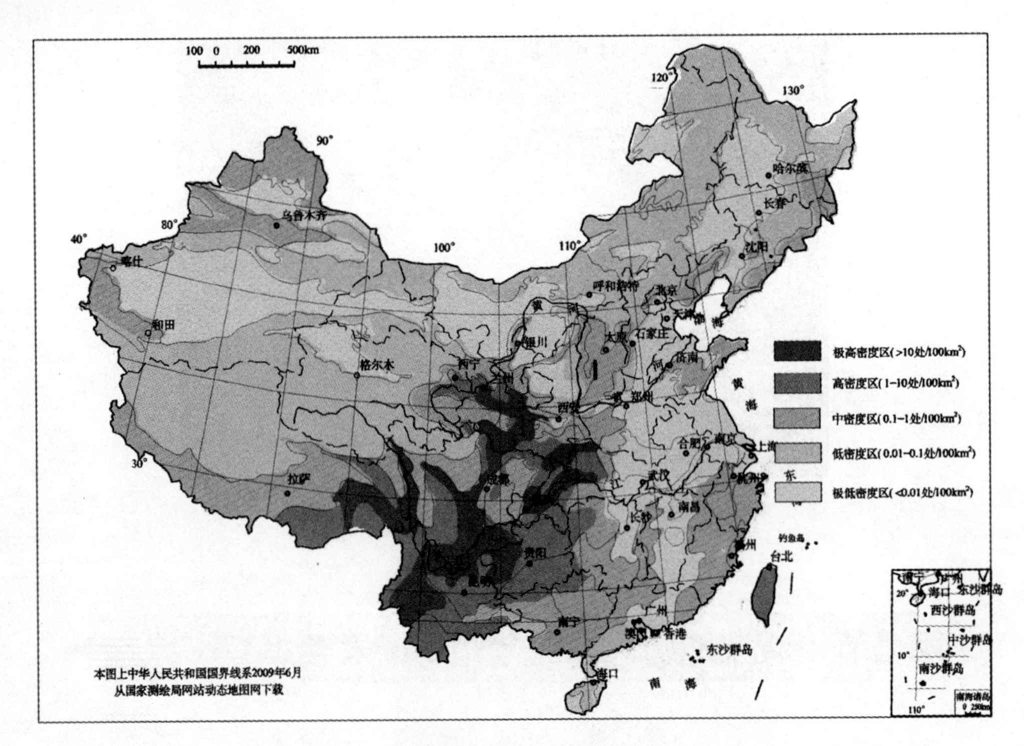

图 2-23　中国滑坡分布图（据胡瑞林，2004）

易软化，造成岩土强度锐减、坡体岩土滑动、崩落等。此外，在国内许多地区地震和人类活动强度大，容易破坏坡体结构，降低其稳定性，甚至直接诱发滑坡等突发性灾害。如果以秦岭—淮河一线为界，南方多于北方，差异性明显；以大兴安岭—太行山—云贵高原东缘一线为界，西部多于东部，差异性也是很明显的。上述川、陕、滇、甘、青、黔、鄂诸省则是这两条界线共同划分的重叠区，也是我国滑坡主要发育分布区。

按滑坡发育数量的多少，中国滑坡发生地区又可分为：

极密集区：川滇南北带，该地区滑坡类型多，规模大，频繁发生，分布广泛，危害严重。

密集区：①黄土高原地区，面积达60余万平方千米，连续覆盖陕、甘、晋、宁、青五省（区）。以黄土滑坡广泛分布为其显著特征。②秦岭—大巴山地区也是我国主要滑坡分布地区之一，主要发育大量的堆积层滑坡。③东南、中南等省山地和丘陵地区，滑坡也较多，但规模较小，以堆积层滑坡、风化带破碎岩石滑坡及岩质滑坡为主。这些地区滑坡的形成与人类工程经济活动密切相关。

中等发育区：在西藏、青海、黑龙江省北部的冻土地区，分布与冻融有关。滑坡主要为规模较小的冻融堆积层滑坡。

2 典型滑坡灾害实例

（1）甘肃省东乡县洒勒山滑坡 洒勒山滑坡位于甘肃省东乡自治县原果园乡宗罗大队洒勒村旁的洒勒山南麓，为一高速、远程滑动的大型滑坡。滑坡体南北长约 1 600 米，东西宽约 1 700 米，面积约 1.4 平方千米，体积约 5 000 万立方米。

1983 年 3 月 7 日 17 时 46 分，突然发生快速滑动，全部滑动过程历时仅 55 秒，最大滑速达 19.8 米 / 秒。滑坡将洒勒、苦顺、新庄 3 个自然村摧毁，造成 237 人死亡、27 人重伤，400 余头牲畜被淤埋，直接财产损失 40 多万元。此外，还毁坏耕地 2 平方千米，九二水库被填埋，王家水库进水渠道被淤，巴谢河被堵，1.3 千米长的公路和高压输电线遭到破坏。

洒勒山滑坡位于洒勒山南麓、洮河次一级支流巴谢河北岸。该地区滑坡发育非常多，大型滑坡有那勒寺滑坡、赵家山滑坡、前五家滑坡、八风山滑坡等。洒勒山滑坡乃是众多滑坡中的一个（图 2–24）。

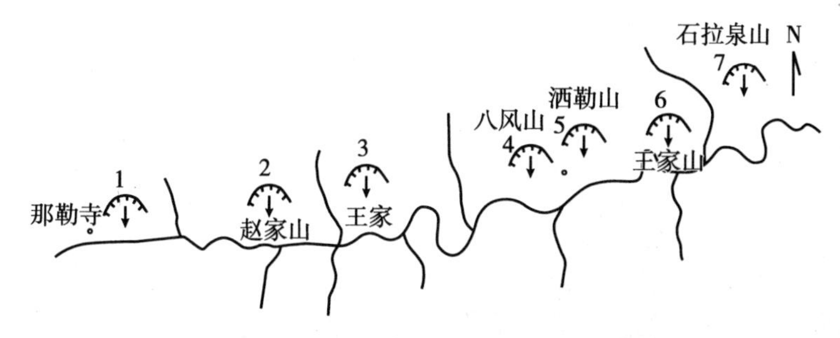

图 2–24 巴谢河北岸大中型滑坡分布示意图

1. 200 年前那勒寺大滑坡；2. 100 年前赵家山中型滑坡；3. 50 年前王家大型滑坡；4. 1968 年八风山滑坡；5. 1983 年洒勒山大型滑坡；6. 预测王家山中型滑坡；7. 预测石拉泉山大型滑坡

该区地貌受新构造活动控制明显，洒勒山、巴谢河都为近东西向，河谷支流、冲沟均为近南北向，滑坡密集带位于临夏—临洮盆地的中部。该盆地属晚新生代构造盆地，北侧为东西走向的祁连山褶皱带的马衔山—兴隆山，南侧为秦岭褶皱带的呈北西西走向的太子山。洒勒山为构造侵蚀山地，地形起伏和切割比较剧烈，滑动前滑坡后缘海拔高程 2 270 米，前缘海拔高程 1 940 米，相对高差 330 米，平均坡度为 45° 左右（图 2–25，图 2–26）。

本区发育地层为上第三系临夏组和第四系松散沉积。临夏组为红色、紫红色黏土岩夹砂砾岩透镜体及灰绿色泥灰岩，有时夹厚为 5 ~ 20 厘米的黑灰色黏土岩。中间有一层厚约 5 米的砂砾岩。黏土岩总厚约 700 米，产状近于水平，比较致密，但成岩作用差，节理发育，遇水发生软化，失水后干裂，

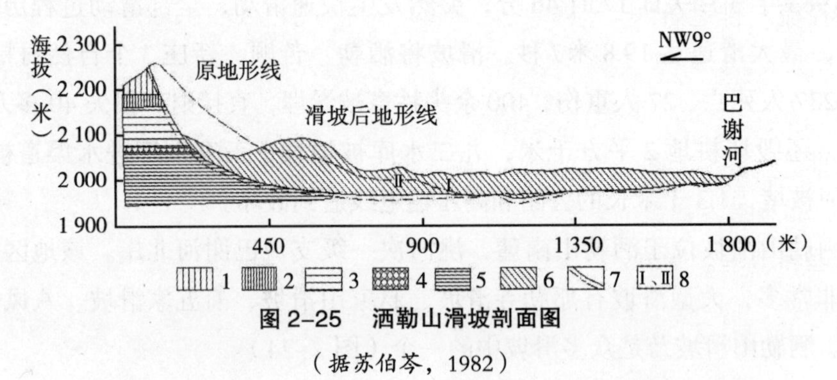

图 2–25 洒勒山滑坡剖面图

（据苏伯苓，1982）

1. 黄土；2. 石质黄土；3. 红黄土；4. 砂砾石；5 红色黏土岩、砂岩互层；6. 滑坡堆积体；7. 滑床；8. 滑坡前原Ⅰ、Ⅱ级阶地

图 2–26 洒勒山滑坡体及其后壁全景

呈块状，裂隙部分被次生石膏充填。泥岩、砂岩比较松软，裂隙发育，含水量为 15% ~ 20%，风化强烈，风化层可达地下深处，形成含大量蒙脱石等矿物的黏性土，抗剪强度降低，易产生变形（图 2–25）。

导致滑坡活动的主要原因包括 4 个方面。

第一，斜坡高差大，坡度陡，积蓄巨大的势能。

第二，斜坡基底形成软弱结构面。上覆第四系黄土，垂直节理发育，形成大量与斜坡走向平行的拉张裂隙，并与斜坡后缘的高角度拉张断面以及下部的近于水平的软弱结构面贯通相连，形成滑动带或滑动面。

第三，降水融雪促进了滑坡发展，1983 年春季冰雪融水大量下渗，促使滑坡剧烈活动。

第四，人为因素——主要是人为改造河道，修建水库、水渠，改变了地下水的径流、排泄条件，使大量地下水滞留在上第三系软弱岩石中；与此同时，水库浸泡坡脚和渠水渗漏也促进了斜坡失稳变形。

（2）四川省北川县曲山镇滑坡　四川省北川县城附近是 5.12 汶川大地震次生灾害最严重的地区之一，县城周围几乎被滑坡体和崩塌体所包围（图 2–27）。北川县城西侧为变质岩，片理构造比较发育，县城东侧为厚层灰岩，发育层理和节理。受岩性控制，县城西侧形成了许多滑坡，多个大型滑坡形

图 2–27　北川县城地震次生灾害远景

成堵江或堰塞湖，著名的唐家山堰塞湖就位于北川县城的西北部；东侧灰岩区以崩塌为主，块石最大直径可达十余米，崩塌体将道路堵断，崩落的巨大块石将楼房等建筑砸坏。

地质灾害造成人员伤亡相当严重，仅曲山镇的王家岩滑坡就造成了 1 600 人死亡（图 2–28）。王家岩滑坡后缘陡坎高约 80 米，岩性为变质岩，主要为砂质板岩和泥质板岩，主滑方向为北东 80°，滑动距离约 500 米，滑坡体长

图 2–28　北川县城王家岩滑坡

约 300 米，宽约 500 米，厚 15 ~ 20 米，滑动方量约 1 000 万立方米。该滑坡为一逆向切层滑坡，位于映秀—北川断裂带上，岩体比较破碎，滑体两侧边坡仍存在滑动的可能性。因此，应采取必要的工程防治措施。但由于北川县城已规划搬迁到其他地点重建，北川老县城要建为地震遗址公园，不应进行更多的人为改变，该滑坡可采取长期的植树造林等生物工程措施进行防治。

表2–1　“5.12”汶川特大地震四川省典型灾难性地质灾害一览表

序号	灾害点名称	灾害类型	灾害点位置	灾害体规模（万米^3）	死亡人数	经济损失（万元）
1	王家岩滑坡	滑坡	北川县曲山镇	1 000	1 600	1 600
2	樱桃沟滑坡	滑坡	北川县陈家坝乡茶园梁村	188	906	1 500
3	景家山乱石窖滑塌	滑坡	北川县曲山镇景家村	1 000	700	1 200
4	陈家坝场镇 1 号滑坡	滑坡	北川县陈家坝场镇	1 200	400	500

续表

序号	灾害点名称	灾害类型	灾害点位置	灾害体规模（万米^3）	死亡人数	经济损失（万元）
5	东河口滑坡	滑坡	青川红光乡东河口村	1 000	780	
6	陈家坝乡红岩村滑坡	滑坡	北川县陈家坝乡红岩村	480	141	120
7	黎明村滑坡	滑坡	都江堰市紫坪铺镇黎明村（213 线）	20	120	500
8	陈家坝太洪村 2 号滑坡	滑坡	北川县陈家坝乡太洪村	500	100	110
9	小龙潭崩塌	崩塌	彭州市银厂沟景区	5.4	100	8 000
10	大龙潭沟口崩塌	崩塌	彭州市银厂沟景区	10	100	8 000
11	谢家店滑坡	滑坡	彭州市九峰村 7 社	400	100	4 000
12	泰安 9 组崩滑体群	崩塌	都江堰市青城山镇泰安村 9 组	3 个单体总计 120 万方	62	800
13	郑家山滑坡群	滑坡	平武县南坝镇新平村	1 250	60	5 000
14	韩家山滑坡群	滑坡	北川县桂溪乡杜家坝村 1 社	30	50	130
15	大岩壳崩塌	崩塌	青川县曲河乡建新村	70	41	200
16	马鞍石滑坡群	滑坡	平武县水观乡马鞍石村	400	34	8 000
17	连盖坪滑坡	滑坡	彭州市团山村	40	30	800
18	麻园子滑坡群	滑坡	平武县南坝镇新平村	800	23	60 000
19	回龙沟崩塌	崩塌	彭州市龙门山镇宝山村	100	20	12 000
20	马儿坪崩塌	崩塌	青川县曲河乡银洞村	40	19	50 ~ 60
21	映秀镇牛圈沟滑坡	滑坡	汶川县映秀镇何家村	100	18	
22	赵家坟滑坡	滑坡	平武县南坝镇健全村	1 250	17	
23	九龙沟	崩塌	崇州市三郎镇九龙沟景区	0.5	13	90 000
24	窑沟社滑坡	滑坡	平武县南坝镇健全村	720	11	
25	桂花树 1 号滑坡	滑坡	都江堰市龙池镇南岳村 6 社	11	11	120
26	砂坝崩塌	崩塌	汶川县绵虒镇绵丰村 2 组	6.51	10	186
27	雁门沟右岸（茂汶公路）崩塌	崩塌	汶川县雁门乡过街楼村二组	10	10	
28	三江草坪村滑坡	滑坡	汶川县三江乡草坡村	100	10	
29	牛石敦不稳定斜坡	不稳定斜坡	汶川县克枯乡下庄村下庄组	8	10	1 000
30	文家坝滑坡	滑坡	平武县南坝镇文家坝村	300	10	10 000
31	沙子坡 1 号滑坡	滑坡	都江堰市龙池镇南岳村 2 社	11	10	250
合　计					5 516	

注：据四川省国土资源厅修改。

（3）甘肃省舟曲县安子坪村泄流坡滑坡 泄流坡滑坡位于甘肃省舟曲县城下游约 4 千米处的安子坪，1963 年和 1981 年曾两次活动。1961 年，滑坡堵塞白龙江，造成舟曲县城发生洪水，造成约 100 万元的损失。1981 年 4 月 8 ~ 14 日，舟曲县泄流坡发生滑坡。滑坡体长约 1 700 米，宽约 350 米，总体积3 000万 ~ 4 000万立方米。前后缘高差500米，水平位移量600 ~ 700米，平均位移速度 16 ~ 17 米 / 天。滑坡体壅塞白龙江，形成深 22 米，蓄水 1 300 立方米，回水长度 4.5 千米的天然水库，对上游的舟曲县城和下游的武都县造成威胁。直接经济损失 256.5 万元。该滑坡自 1907 年以来共形成灾害 9 次。

泄流坡为蠕滑型滑坡，分布与阿尼玛卿山断裂的东延部分、迭部—武都活动断裂、舟曲活动断裂密切相关。沿该断裂带分布有一系列的滑坡和泥石流沟，明显有受活动断裂的控制。除新构造运动导致本区隆升之外，河流切割强烈，致使该区为高山峡谷的地貌。

该区地层岩性以黄土为主，下伏碎屑岩。由于构造活动比较强烈，黄土垂直裂隙比较发育，在黄土与下伏碎屑岩之间有一软弱结构面，在降水和地下水作用下，软弱结构面饱水后摩擦力减小，在垂直裂隙与软弱结构面贯通后，开始向下蠕滑。该滑坡是我国典型的蠕滑滑坡，目前，国内外有许多学者都对此给予了极大关注，并联合进行考查研究。笔者在 2002 年野外调查期间发现古滑坡体上还发育有小的滑坡（图 2–29 ~ 图 2–31）。

图 2–29　舟曲县泄流坡滑坡全貌

图 2-30　舟曲县泄流坡毁坏公路

图 2-31 舟曲县泄流坡老滑坡体上的小滑坡

（4）陕西省陇县杨家寺村李家下滑坡　李家下滑坡位于陇县河北乡杨家寺村李家下组，为一滑坡群（图 2-32，图 2-33），距离县城大约 11 千米。地貌为黄土梁地区基岩边坡，大地构造位置处于六盘山构造带千河断陷盆地北缘。地表出露的岩性下部为白垩纪砾岩、砂岩、粉砂岩及泥岩，上部为早更新世河湖相砂砾石、粉土，中晚更新世黄土夹古土壤。

该滑坡东西长约 600 米，南北宽约 900 米，厚为 20 ~ 40 米，总体方量约 1 500 万立方米，属特大型滑坡。该滑坡整体滑向为 120°（图 2-34）。后

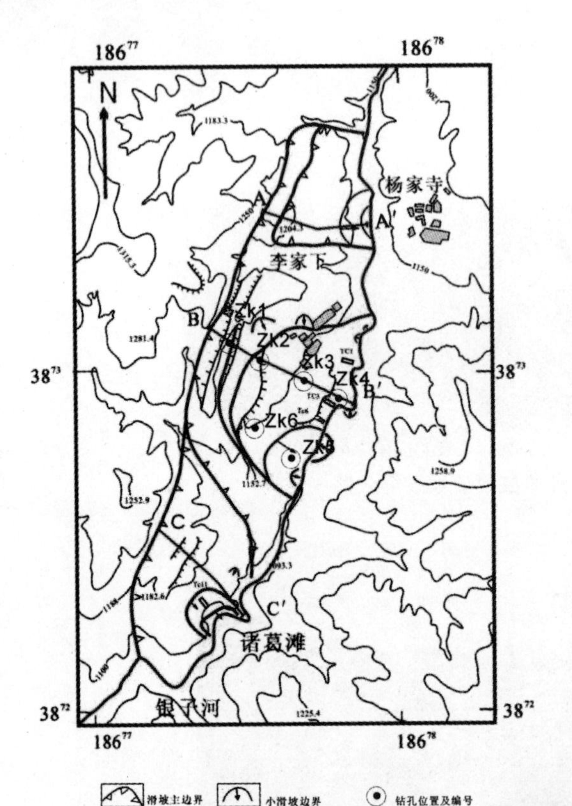

图 2–32　李家下滑坡平面图

缘拉裂槽洼地分布明显，且具有醉汉林和双沟同源等特征，该滑坡共分布有四级陡坎。在前缘发育有滑动带滑痕（产状为 142° ∠ 20° ）和地层翘起（产状为 297° ∠ 14° ），局部发育小型滑坡。滑坡最早发生于 1920 年 12 月 16 日海原地震，斜坡上缘开裂下移，形成宽 30 米、长 200 米、深 40 米的巨形洼地。

1996 年 7 月 26 日，后缘出现宽 2 米、长 200 米的地裂缝，在前缘及中部有地下水渗出。2005 年和 2006 年在其前缘有小规模的滑坡发生，表明滑坡仍在活动。该滑坡为一老滑坡，属牵引式滑坡，整体上为一滑脱构造类型。该滑坡的后缘陡坎直立，高约 25 米，走向 NE50° ，为一小断层或节理破碎带，为滑坡的形成提供了降水入渗和拉裂的条件。通过工程揭露显示，前缘存在两个不同层次的滑动面，表明滑坡具多期活动。

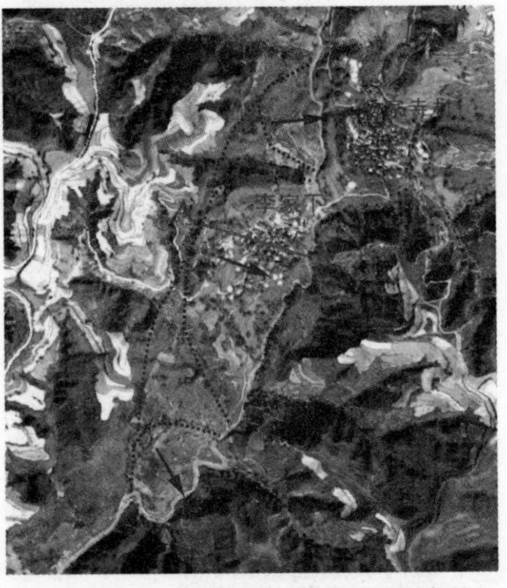

图 2–33　李家下滑坡遥感解译图像
（图中虚线为滑坡范围）

滑坡威胁 41 户居民 199 人、210 间房屋、470 头牲畜、110 亩耕地，潜在威胁资产 71 万元。

李家下等滑坡的形成，是内动

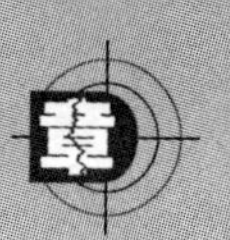

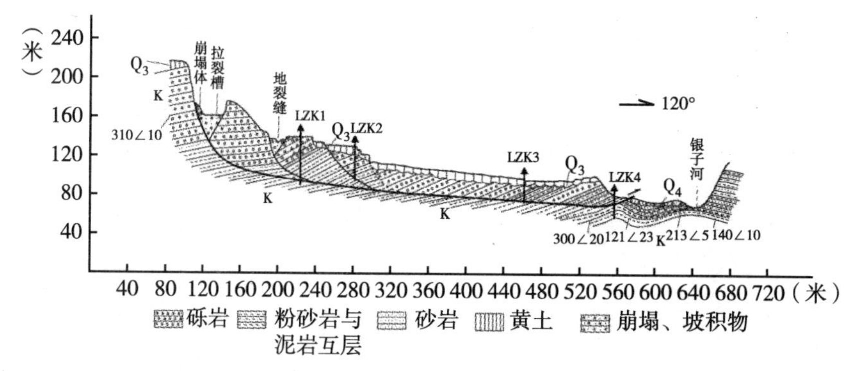

图 2-34　李家下滑坡剖面图

力地质作用与外动力地质作用共同作用的结果。河流下切侵蚀在斜坡前缘形成临空面，在地震力和重力的作用下，斜坡变形逐渐加剧，降水沿李家下后山的北北东向的裂隙贯入，斜坡中的软弱夹层逐渐软化，强度急剧降低，在重力的作用下，坡体向临空方向滑动，在前缘形成剪出口，由于前缘土体运动的滞后作用，形成前缘地层反翘及后部地层的旋转。

（5）安县肖家桥地震滑坡　该滑坡位于安县晓坝镇肖家桥—安昌河的右岸，处于映秀—北川断裂带上。原始斜坡较陡，由灰色中厚层状灰岩组成，岩层走向北东，倾向 320°，倾角 40° ~ 60°。岩体中发育两组裂隙，其与层面共同构成了滑坡的边界。该滑坡体东西长约 300 米，南北宽 230 米，厚 20 ~ 65 米，体积约为 350 万立方米，为一大型基岩地震滑坡。主滑方向 310°，为顺层—切层滑坡，水平最大滑距 100 米，垂直滑距 40 ~ 80 米。该滑坡形成滑坡坝，滑坡坝宽 30 ~ 60 米，长约 300 米，厚约 60 米，将安昌河上游河道堵塞，形成大型堰塞湖（据警示牌说明为整修地震中形成的仅次于唐家山的第二大堰塞湖），危及下游的生命财产安全（图 2-35 ~ 图 2-39）。

该滑坡形成的堰塞湖调查时已对堰塞坝体进行了开槽泄水，对下游形成溃坝的威胁性减小。但其北侧岩体存在崩塌落石的可能，且滑坡体两侧也存在发生滑坡的可能性。由于该滑坡母岩岩性主要为灰岩，因此，其工程防治措施应以削坡卸载为主要手段，确保边坡的稳定性；其次可以采用在岩体内进行锚索拉杆，结合岩体表面铺设防护铁丝网等，确保车辆和行人的安全。

图 2-35　安县肖家桥滑坡全景（镜向 NE）

图 2-36　安县肖家桥滑坡坝开挖泄水现场（镜向 NE）

图 2-37　安县肖家桥滑坡后缘陡坎（镜向 SW）

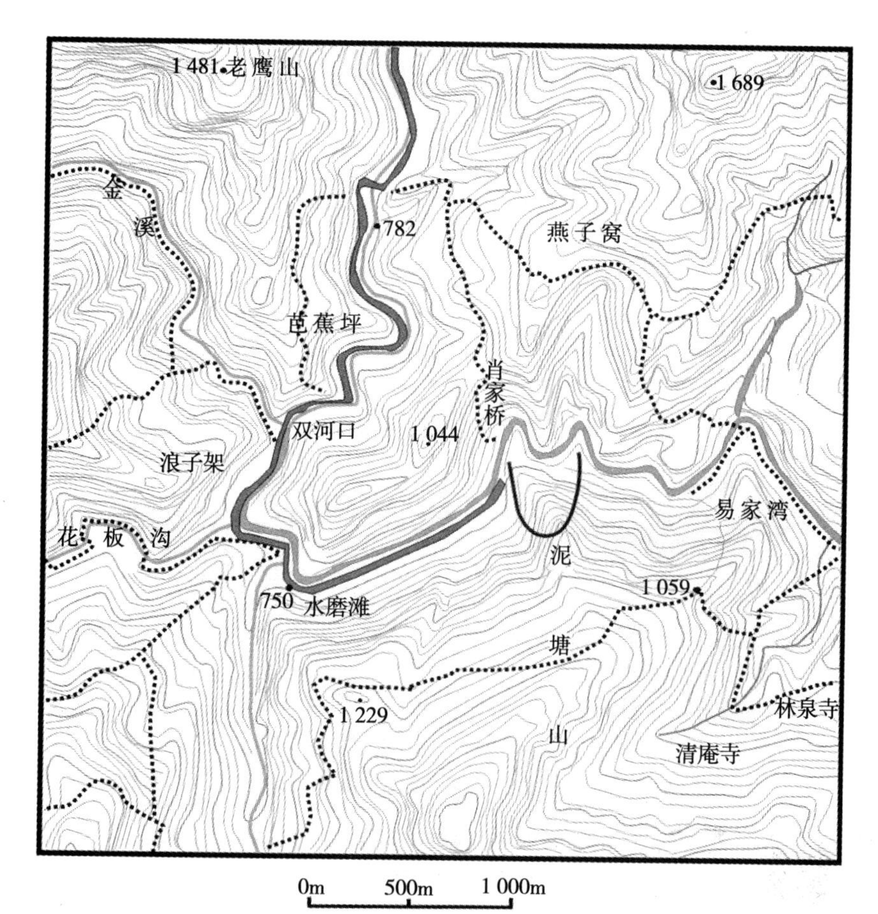

图 2-38　安县肖家桥滑坡平面示意图

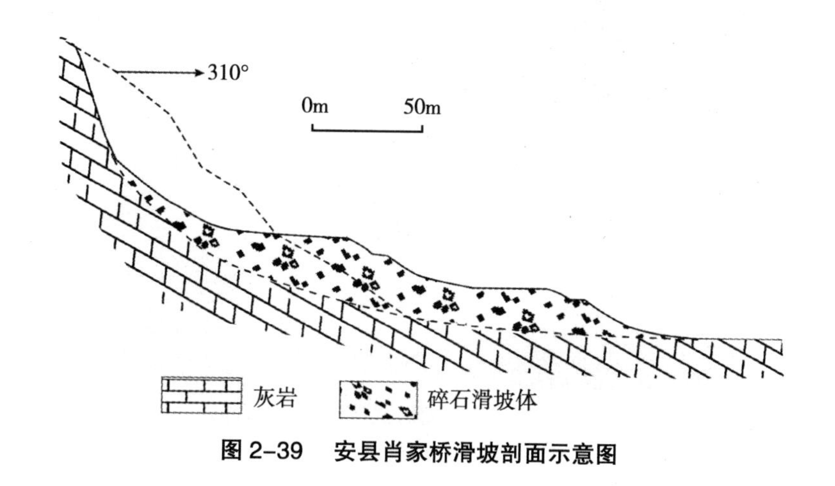

图 2-39　安县肖家桥滑坡剖面示意图

第三节　滑坡地质灾害应急避险措施

1 滑坡的前兆

滑坡地质灾害发生前数天、数小时，甚至数分钟，往往有明确的前兆。

(1) 滑坡前缘土体突然强烈上胀鼓裂　这是滑坡向前推挤的明显迹象，表明即将发生较为深层的整体滑动，滑坡规模也较大，具有整体滑动的迹象。通常伴随前缘建筑物的强烈挤压变形，甚至错断（图 2-40 ~ 图 2-42）。

图 2-40　2006 年甘肃永靖黄茨滑坡挤压致使地面鼓翘
（据中国地质调查局，2008）

图 2-41　2005 年四川丹巴滑坡前缘挤压导致建筑物错裂
（据中国地质调查局，2008）

图 2-42　忠县挖断山变形体房屋拉裂（据胡瑞林，2004）

（2）滑坡前缘突然出现局部滑塌　这种情况可能会使滑坡失去支撑而即将发生整体滑动，但是，也可能是局部的失稳（图 2-43），应该立即报告国土主管部门，立即查看滑坡前后缘和两侧的变形情况，进行综合判断。

（3）地下水异常前兆信息　在滑坡前数天或数小时，滑体斜坡急剧突然被挤（推）压，地下水沿挤压裂缝溢出形成湿地。新泉或泉流量剧增、变浑，或水温上升变为温泉，或喷射出地表数米，形成高压射流和泥气（浪）流等异常现象，这种情况反映出大滑坡已逼近（图 2-44）。

图 2-43　万州塘角村滑坡 2 号挡土墙挤出破坏

图 2-44　丰都柏木塘滑坡井泉水质变浑（据胡瑞林，2004）

• 1980 年，湖北省恩施杨家滑坡滑前一天，滑体中部见直径碗口大的浑水上涌 12 小时消失。

• 1980 年，四川省资中枣树滑坡，滑前 3 天地面隆起开裂，冒出浑水。

• 1982 年，湖北省利川市石坪寨滑坡，滑前 3 天，滑体中部冒出脸盆粗两股含泥浑泉；同年四川省巴东县罗圈岩崩滑坡，滑前 12 小时在前缘多处冒浑水。

• 1981 年，四川省旺仓王家沟滑坡前，地面溢出红泥浆水，涌出浑泉，湿地遍布。

• 1982 年，重庆市云阳县滑坡前一天，前缘滑舌出现小股自喷浑泉，水头喷射射程为 2 ~ 3 米，次日上午暴发了巨型滑坡。

• 1981 年，陕西省宁强石家坡滑坡，滑前前缘出现了高压射流的泥气流喷发，几小时后即发生了高速滑坡。

• 1983 年，湖北省秭归新滩滑坡，滑坡前缘斜坡柳林至湖北省西陵峡岩崩调查工作处招待所一线泉水变浑，水量增大，湿地面积突然增大，滑体上段姜家坡望人角一带（高程 520 米）70 万立方米土石下滑前 5 分钟左右，斜坡突然喷射超前高压泥沙水流（或气流）10 多米高。

• 2000 年，西藏自治区易贡滑坡发生前数日，见扎隆沟内水流变黑，并散发出一股难闻的味道。

（4）滑坡地表池塘和水田突然下降或干涸 滑坡表层修建的池塘或水田突然干枯，井水位突然变化等异常现象，说明滑坡体上出现了深度较大的拉张裂缝，并且水体渗入滑坡体后，加剧了变形滑动，可能发生整体滑动（图2-45，图2-46）。

图2-45 2004年四川宣汉池塘水位明显下降
（据中国地质调查局，2008）

图2-46 忠县王河变形体井水位下降（据胡瑞林，2004）

（5）滑坡前缘突然出现规律排列的裂缝 滑坡前部，甚至中部出现多条横向及纵向放射状裂缝时，表明滑坡体向前推挤受到阻碍，已经进入临滑状态（图2–47）。

（6）滑坡后缘突然出现明显的弧形裂缝 地面裂缝的出现，说明山坡已经处于不稳定状态。裂缝圈闭的范围，就是可能发生滑坡的范围（图2–48）。

图2–47 2006年陕西省延安前缘出现有规则的纵张裂缝
（据中国地质调查局，2008）

图2–48 2006年滑坡后缘出现明显的弧形下错裂缝
（据中国地质调查局，2008）

（7）简易观测数据突然变化 滑坡体裂缝或变形观测数据突然增大或减小，说明出现了坡体加速变化的趋势，这是明显的临滑迹象。

（8）动物出现异常现象 猪、牛、鸡、狗等惊恐不宁，不入睡；老鼠乱窜不进洞；坡体上及周围动物整体出现迁移现象。这些都预示着可能有滑坡即将来临（图 2-49）。

图 2-49 滑坡前动物异常表现（据中国地质调查局，2008）

- 1980 年，四川省资中枣树滑坡前夕，家蜂飞逃，雀鸟携幼仔强行飞逃。
- 1981 年，四川省广元大石区滑坡前，大、小猴下山抢吃山粮，糟踏庄稼，鼠、蛇爬树；同年，中江县滑坡前，老鼠结队上山偷吃苞谷，两三天将三四亩玉米一扫而光，且白天集体爬居于树上，亦出现猪、牛逃出圈外，直跑山顶的异常现象。
- 1981 年四川省广元、三台、中江等地某些大滑坡前狗不安宁，表现出凄惨景象；如旺仓前峰滑坡前，狗对着滑坡体奔跑不息，狂吠不止，坐立不安，流泪、悲啼、哭叫不停。
- 1982 年，重庆市云阳县滑坡前，家狗哭叫，只喝水不吃食，两天后即发生了大滑坡。
- 1980 年，四川省青神县白菜崩滑体崩滑前，正在耕田的牛，骤然惊慌乱跑，不听主人呼叫，之后约一刻钟暴发了一场大滑大崩灾害。
- 1981 年，四川省旺仓许多崩滑体发生之前，猪、牛大声惨叫或逃出圈外，次日即发生崩塌、滑坡。

- 2003年5月11日，贵州省平溪特大桥滑坡发生前半小时内听见狗狂吠。
- 2003年7月14日，三峡库区千将坪滑坡发生前数天内，青干河滑坡部位突然鱼群聚集。

各种前兆的相互印证：前兆出现的多少、明显程度及其延续时间的长短，对于不同环境下的滑坡有着很大差异，有些前兆可能是非滑坡因素所引起。因此，在判定滑坡发生可能性时，要注意多种现象相互印证、尽量排除其他因素的干扰，这样作出的判断才会更准确。在无法判定是否会发生滑坡时，宁可信其有，不可信其无，先采取妥善的避灾措施，再请专业人员来判断。

2 滑坡的预防措施

在山地环境下，滑坡现象虽然不可避免，但通过采取积极防御措施，滑坡危害则是可以减轻的。具体防御措施分为以下几点。

（1）选择安全场地修建房屋 选择安全稳定地段建设村庄、构筑房舍，是防止滑坡危害的重要措施。村庄的选址是否安全，应通过专门的地质灾害危险性评估来确定。在村庄规划建设过程中合理利用土地，居民住宅和学校等重要建筑物，必须避开地质灾害危险性评估指出的可能遭受滑坡危害的地段。

（2）不要随意开挖坡脚 在建房、修路、整地、挖砂采石、取土过程中，不能随意开挖坡脚，特别是不要在房前屋后随意开挖坡脚。如果必须开挖，应事先向专业技术人员咨询并得到同意后，或在技术人员现场指导下，方能开挖。坡脚开挖后，应根据需要砌筑维持边坡稳定的挡墙，墙体上要留足排水孔；当坡体为黏性土时，还应在排水孔内侧设置反滤层，以保证排水孔不被阻塞，充分发挥排水功效。

（3）不随意在斜坡上堆弃土石 对采矿、采石、修路、挖塘过程中形成的废石、废土，不能随意顺坡堆放，特别是不能在房屋的上方斜坡地段堆弃废土。当废弃土石量较大时，必须设置专门的堆弃场地。较理想的处理方法是：把废土堆放与整地造田结合起来，使废土、废石得到合理利用。

（4）管理好引水和排水沟渠 水对滑坡的影响十分显著。日常生产、生活中，要防止农田灌溉、乡镇企业生产、居民生活引水渠道的渗漏，尤其是渠道经过土质山坡时更要避免渠水渗漏。一旦发现渠道渗漏，应立即停水修复。对生产、生活中产生的废水要合理排放，不要让废水四处漫流或在低洼处积水成塘。面对村庄的山坡上方最好不要修建水塘，降雨形成的积水应及时排干。

（5）反应及时，措施得当 当发现有滑坡发生的前兆时，应立即报告当地政府或有关部门，同时通知其他受威胁的人群。要提高警惕，密切注意观察，做好撤离准备。

3 正确避让滑坡

（1）行人与车辆不要进入或通过有警示标志的滑坡、崩塌危险区。

（2）当您处于滑坡体上，感到地面有变动时，要用最快的速度向山坡两侧稳定地区逃离。向滑坡体上方或下方跑都是危险的！

（3）当您处于滑坡体中部无法逃离时，找一块坡度较缓的开阔地停留，但一定不要和房屋、围墙、电线杆等靠得太近。

（4）当您处于滑坡体前沿或崩塌体下方时，只能迅速向两边逃生，别无选择。

历史经验表明，滑坡灾害绝大多数发生在雨季，夜晚发生滑坡较白天发生滑坡的损失更大。因此，雨季特别是雨季的夜晚最好不要在滑坡危险区逗留。

4 滑坡发生后的应急措施

滑坡应急防治措施大多数是接到当地报灾后，进行应急调查和采取应急防治措施，并做到以下几点：

（1）视险情将人员物资及时撤离危险区。当滑坡由加速变形阶段进入临滑阶段时，滑坡灾害在所难免，应及时将情况上报当地政府部门，由政府部门组织将险区内居民、财产及时撤离危险区，确保人民生命财产的安全（图 2–50）。

（2）及时制止致灾的动力破坏作用，争取抢险救灾时间，延缓滑坡大规模破坏，及时制止致灾的动力破坏作用。如因采矿诱发的，应立即停止采矿活动；如因渠道渗漏而诱发的，应立即停止对渠道进行放水。

图 2–50　群众紧急转移（北川，2008）

（3）对于事先有预兆的滑坡，应尽早制订好滑坡危险区居民的撤离计划。滑坡在大规模滑动前，往往有前兆。在此情况下，当地政府部门应尽早制订好险区人民疏散撤离计划，以防造成混乱而发生不必要的人员伤亡事故。

第四节　滑坡地质灾害预防与治理

1 滑坡的监测和预警

（1）监视滑坡动态　在采取上述措施的同时，还应通过简易监测，密切监视斜坡变形的发展情况。一般情况下，应把变形显著的地面裂缝、墙体裂缝作为主要监测对象。通过在地面裂缝两侧设置固定标桩、在墙壁裂缝上贴水泥砂浆片、纸片等方法，定期观测、记录裂缝拉开宽度，分析裂缝变化与有关影响因素（如降雨）的关系，就可以掌握斜坡变形的发展趋势，为防灾避灾提供依据。

（2）滑坡裂缝的观测周期应根据季节和裂缝发展速度灵活确定 当裂缝拉开速率逐渐加快时，监测周期也应随之加密，甚至进行 24 小时专人值守；当裂缝拉开速率变化不大时（如每月不超过 1 厘米），可数天至 1 个月监测 1 次；当裂缝拉开速率逐渐变小时，监测周期也可以逐步延长。监测周期调整的基本原则是：雨季监测周期适当加密，旱季监测周期适当延长；变形加快时监测周期适当加密，变形减缓时监测周期适当延长。一般来说，雨季时应每天进行观测，遇暴雨应全天 24 小时预测；旱季时可每月观测一次。

目前，国内外滑坡监测技术方法已发展到一较高水平。由过去的人工用皮尺地表量测等简易监测，发展到仪器仪表监测，现正逐步实现自动化、高精度的遥测系统。监测技术方法的发展，很大程度上取决于监测仪器的发展，随着电子摄像激光技术、GPS 技术、遥感遥测技术、自动化技术和计算机技术的发展，监测手段和精度的提高，可为滑坡灾害预测预警提供更为快速准确的第一手资料（图 2–51，图 2–52）。

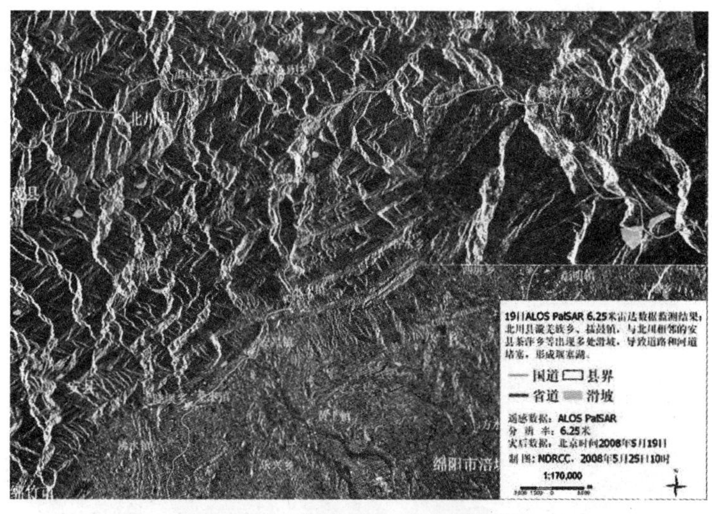

图 2–51　北川县滑坡遥感监测图

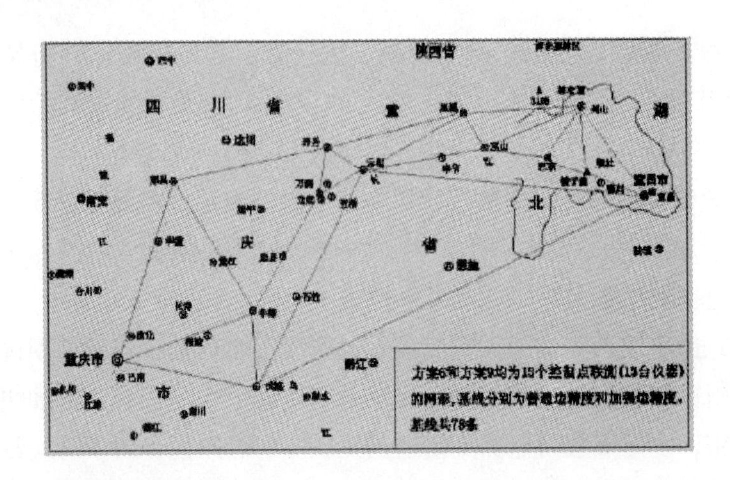

图 2-52　三峡库区 GPS 首级监测控制网布设方案图

2 滑坡的治理

为了避免滑坡灾害，对滑坡进行防治时一般应对症下药，综合治理。常用的滑坡治理方法有以下几种。

（1）排截水工程　据统计，国内外有 90% 的滑坡与水有关，可见水对滑坡的影响是非常大的。常用的截排水工程有外围截水沟、内部排水沟、排水盲沟、排水钻孔、排水廊道、灌浆阻水等（图 2-53）。

（2）卸荷减载工程　这是一种简便易行的方法。滑坡减重能减少滑体下滑力，增加滑坡体稳定性。可在滑坡体上部进行削坡处理以减轻坡体荷载，

图 2-53　黄蜡石滑坡地表排水系统

而在坡脚处堆置砂袋等进行堆载预压。

（3）坡面防护工程 主要目的是防止水对坡面和坡脚的冲刷，增加坡体的抗滑力。可采用砌石和喷射混凝土、挡水墙和丁字坝等治理方法（图 2-54）。

图 2-54　边坡治理

（4）支挡工程 是治理滑坡经常采用的有效措施之一。主要包括：抗滑挡墙、抗滑桩和锚固（锚杆和锚索）等治理方法。

（5）抑制滑坡发展 当发现滑坡前兆后，应及时向政府有关部门或地质灾害防治负责人（如果有的话）报告，及时填埋地面裂缝，把地表水和地下水引出可能发生滑坡的区域（图 2-55，图 2-56）。

图 2-55　黄蜡石滑坡挡土墙和排水沟

图 2-56　湖北省新滩滑坡治理

第三章

崩塌地质灾害

第一节　崩塌地质灾害简介

1　崩塌地质灾害的概念

图3–1　四川省理县毕棚沟口附近大面积山体崩塌（2008）

崩塌，也称为崩落、垮塌或塌方，是指较陡斜坡上的岩、土体（主要是岩体）被直立裂缝切割，失去稳定，在重力作用下突然脱离母体向下倾倒、崩落、滚动，堆积在坡脚（或沟谷）的地质现象（图 3–1，图 3–2）。

2　崩塌的种类

根据岩土体成分，可划分为岩崩和土崩两大类。产生在土体中的崩塌称土崩；产生在岩体中的崩塌称为岩崩（图 3–3）。当岩崩的规模巨大，涉及山体时又称山崩。当崩塌产生在河

图 3–2 四川省北川羌族自治县白什乡后山大规模崩塌（2007）

图 3–3 岩崩（广西河池市凤山县，2008）

图 3–4 土崩—岸崩（淮河，2007）

流、湖泊或海岸时，又称为岸崩（图 3–4）。按照崩塌的规模和特点分为剥落、坠石和崩落。

3 崩塌的主要危害

（1）常造成严重的人员伤亡 崩塌对房屋、道路等建筑物带来威胁，酿成人身安全事故。2004 年 12 月 3 日 3:40，贵州省纳雍县中岭镇左家营村岩脚组后山发生危岩体崩塌，崩塌体冲击了山下土坡和岩脚寨（组）部分住户，形成特大型地质灾害。据统计，共有 19 户村民受灾，12 栋房屋被毁，7 栋房屋受损，造成 30 人死亡，14 人下落不明，13 人受伤。

（2）毁坏铁路、公路和航道等线路工程 崩塌地质灾害对线路工程的危害主要集中于我国西部地区，如宝成、宝兰、成昆、襄渝、川黔、黔桂、川藏、青藏、太焦等铁路线。公路以川藏、川云、川陕和川甘等公路受崩塌灾害影响最为严重。

崩塌对江河航道的危害也是严重的，如金沙江中下游、长江三峡、雅砻江中下游和嘉陵江中下游等地受崩塌危害严重。

2007 年 7 月 28 日晚上 11:00，四川省北川羌族自治县白什乡后山发生大规模崩塌，大约有 40 万立方米山体崩塌，造成山谷中白水河淤塞，崩塌造成 3 个自然村 1 700 多名村民外出困难。31 日下午，已经有 150 万立方米山体崩塌，白什乡老街因此完全废弃，700 多名居民沦为灾民（图 3–5）。

（3）增大基建投资 因采矿特别是采用大规模爆破、放顶岩柱等使高陡边坡滑塌，如 1980 年发生在湖北省盐池河磷矿的巨大岩崩，将磷矿 5 层大楼

图 3–5 四川省北川羌族自治县白什乡后山发生大规模崩塌（2007 年）

冲倒，死亡 307 人，设备财产损失惨重，需要重新建楼和购买设备，造成基建投资成本增加。

4 危岩体的概念

在高山峡谷地区，或者由于人工开挖形成的高陡路堑等地，常常可以看到斜坡体上或路堑上有些岩体虽然还没有发生崩塌，但具备发生崩塌的主要条件，而且不时发生落石、小规模垮塌等现象，则预示不久可能发生崩塌，这样的岩体称为危岩体。危岩体是潜在的崩塌体（图 3–6）。

图 3–6　岩脚寨新崩塌灾害西侧危岩体（贵州省纳雍县，2004）

5 危岩体的判别方法

危岩体一般可通过现场观察斜坡岩体的坡度，是否发育拉开的裂缝，是否有悬而未掉的危石存在等方面来判别。若斜坡坡度大于 45°，高差大，或者坡体是孤立陡峭的山嘴，坡体前有巨大临空面的凹形陡坡；坡体内裂隙发育，岩体结构不完整，有大量与斜坡坡面一致或平行的裂缝，历史上曾发生过崩塌活动；坡体上部已有拉开的裂缝出现，并不断增大增宽；岩体出现落石、垮塌等，预示崩塌随时可能发生（图 3–7）。

图 3–7　贵州省纳雍县岩脚寨危岩崩塌东侧危岩顶部已开裂

6 容易产生崩塌的地方

崩塌一般发生在厚层坚硬脆性岩体中。这类岩体能形成高陡的斜坡，斜坡前缘由于应力重分布和卸荷等原因，产生长而深的拉张裂缝，并与其他结构面组合，逐渐形成连续贯通的分离面，在触发作用下发生崩塌。

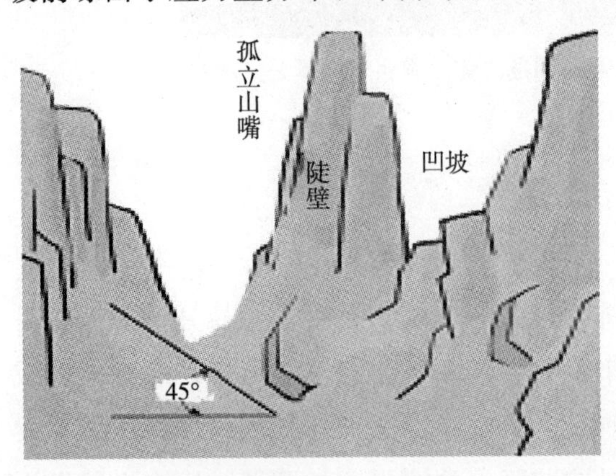

图 3–8　易发生崩塌地形（据中国地质调查局，2008）

（1）地形　险峻陡峭的山坡是产生崩塌的基本条件。山坡坡度一般大于 45°，以 55° ~ 75° 居多（图 3–8）。

（2）岩性　节理发育的块状或层状强硬岩石，如石灰岩、花岗岩、砂岩、石英岩等均可形成崩塌。厚层硬岩覆盖在软弱岩层之上的陡壁最易发生崩塌（图 3–9）。此外，近于水平状产出的软硬相间岩层组成的陡坡，由于软弱岩层风化剥蚀形成凹龛，也会形成局部崩塌。

（3）构造面 当各种构造面，如岩层层面、断层面、错动面、节理面、卸荷裂隙面等，或软弱夹层倾向临空面且倾角较陡时，往往使岩体脱离母岩而形成崩塌（图 3–10）。

（4）气候 温差大、降水多、风大风多、冻融作用及干湿变化强烈的地区往往易形成崩塌（图 3–11）。

图 3–9　组成岩脚寨危岩体的地层（贵州省纳雍县，2004）

图 3–10　岩脚寨危岩体（贵州省纳雍县，2004）

图 3–11　镜泊湖风景区的危岩与崩塌（据刘传正，2004）

7 崩塌的诱发条件

引起崩塌的自然原因有地震、强降雨、河流冲刷和雨水浸泡等。人为因素主要有采矿、开挖坡脚、水库蓄水、强烈的机械震动、爆破、渠道渗透等。

（1）地震、火山 会使土石松动，破坏了边坡的稳定，引起大规模的崩塌。

（2）降雨 特别是暴雨和长时间的连续降雨，使地下水渗入坡体，水沿裂隙渗入岩层，降低了岩石裂隙间的黏聚力和摩擦力，增加了岩体的重量，促进崩塌的产生。

（3）地表水的冲刷 河水、湖水、海水、库水长期浸泡和冲刷、掏蚀坡脚，使坡体基础支撑能力下降，导致边坡失稳，发生崩塌。

（4）不合理的人类活动 如开挖坡脚、地下采矿形成采空区、水库蓄水等人类工程活动，改变坡体的原始平衡状态，都会诱发崩塌。

铁路、公路建设引起的崩塌。这类崩塌的形成一是由于在铁路、公路建设过程中，人工开挖边坡，或筑路爆破松动了岩体，而形成崩塌；二是道路建成后，由于修路时或施工与设计不当而形成崩塌。例如，2007 年 11 月宜万铁路巴东段高阳寨隧道进口处发生岩崩，造成正在施工的 1 人死亡,1 人受伤，2 人下落不明。事发地点位于 318 国道巴东野三关境内 1 405 千米。从 318 国道上方隧道进口坍陷下来的土石已经将公路完全淹埋，其中一块约 70 立方米的巨石横卧路中，318 国道完全中断（图 3–12）。

水利工程建设引起的崩塌。这类崩塌一是在水利工程建设中，因施工开挖等因素而形成；二是在水利工程建成后，水库蓄水、放水或渠道渗漏等原因形成。后者比前者发生的次数多，一般多发生在水渠或水电站建设比较多的地区，如甘肃、湖北、湖南、四川等省。三峡库区蓄水后，整个库区共有各类崩塌、滑坡体 4 719 处，其中 627 处受水库蓄水影响，崩塌滑坡隐患处有 4 000 多处（图 3–13）。

矿产资源开发引起的崩塌。这类崩塌形成主要是由于在边坡、山体或陡崖下部开挖矿石，形成采空区，引起坡体变形，山体开裂而导致崩塌的形成。再

图 3–12　岩崩现场（湖北省巴东，2007）

图 3–13　三峡巫峡口长江北岸山体发生崩塌（2008）

者，采矿时爆破，松动了岩体，而使斜坡失稳。露天采矿中，坡上加荷坡下开挖，或者违反边坡稳定规律，边坡设计不合理等人为因素影响而形成崩塌。此外，采矿时任意堆放的矸石，随堆放体积和高度的增加也易引起崩塌（图3–14）。

民用建筑和城市建设引起的崩塌。这类崩塌是在兴建窑洞、房屋、厂房等建筑时，人为开挖坡脚，使坡脚变陡，加之爆破、降雨等其他因素而形成的。一些大中型城市，如陕西省延安、重庆、辽宁省大连、湖北省十堰市和安徽省巢湖市等地区也是这类崩塌的多发区。

图 3–14　河南省平顶山矸石山发生崩塌（2005）

8 崩塌可能引起的次生灾害

崩塌除直接成灾外，还常常造成一些次生灾害。主要有以下几类。

（1）地裂缝　这类地裂缝发育状况受主体灾害控制，其分布范围通常局限在主体灾害影响区内。地裂缝性质和形态比较复杂，以拉张地裂缝为主，平面上多呈线状、波浪状、辐射状。有不同幅度的垂向错动和水平错动（图 3–15，图 3–16）。

图 3–15　岩脚寨危岩山体南坡多处地裂缝（贵州省纳雍县，2004）

（2）泥石流 为泥石流累积固体物质源，促使泥石流灾害的发生；或者在滑、崩过程中在雨水或流水的参与下直接转化成泥石流。例如，1989年7月9日，四川省南充地区华蓥市溪口镇发生100万立方米的滑坡，滑体在滑动过程中破碎解体，在大量暴雨和地表径流的掺混下旋即转化为泥石流。泥石流顺坡奔腾而下，流动达1千米，途经之处的农田、村庄全部被摧毁。

图3–16 岩脚寨危岩山体东坡公路外侧地裂缝迅速变宽（贵州省纳雍县，2004）

（3）水灾 堵河断流形成天然坝，引起上游回水使江河溢流，造成水灾，或堵河成库，一旦库水溃决，便形成泥石流或洪水灾害。例如，1967年6月，四川雅江县唐古栋一带发生大型滑坡，滑体落入雅砻江，形成一座高175 ~ 355米、长200米的天然拦河大坝，堵江断流并造成长达53千米的回水区。9天之后，大坝决口溢流，造成洪水泛滥事故（图3–17）。

图3–17 岩脚寨危岩崩塌形成天然坝和“U”形峡谷（贵州省纳雍县，2004）

（4）其他 崩塌体落入江河之中，可形成巨大涌浪，击毁对岸建筑设施和农田、道路；推翻或击沉水中船只，造成人身伤亡和经济损失。落入水中的土石有时形成激流险滩，威胁过往船只，影响或中断航运。落入水库中的崩塌、滑坡体可产生巨大涌浪，不时涌浪翻越大坝冲向下游形成水害。有时，巨大的滑坡、崩塌可引起轻微的地震（实际上是地表发生的轻微震动，与地震有区别）。

第二节　崩塌地质灾害的分布规律及典型实例

1　中国崩塌地质灾害的分布规律

中国疆域辽阔，地形复杂，气候多样，环境地质条件独特，是崩塌灾害多发的国家之一。三大地势阶梯决定中国许多地区地形切割深、高差大，尤其是在各级阶梯结合部位的祁连山—六盘山—横断山一线以及大兴安岭—太行山—巫山—雪峰山一线附近山区，为崩塌的发生提供了极为有利的重力条件。

地形地貌、地质、气候等条件大致决定着崩塌的分布格局。中国崩塌主要分布在第二地势阶梯及其附近地区，即西南、西北地区，其次在中南及东南地区（图 3-18，图 3-19）。图中显示四川、云南、陕西等省份受灾最重，其次为重庆、贵州、甘肃、山西、湖南、湖北、广东、福建等。

人类工程活动引起的崩塌，主要分布在 24 个省、市、自治区，其中云南省、四川省和陕西省是工程活动引发崩塌发生频次最高的省份。总体上看，自然崩塌灾害发生的主要区域基本一致，均为西南、西北地区，它们受灾频次发生的特点完全受控于我国地质、地理格局所构成的成灾背景特征。而工程崩塌主要分布的地区，不仅有西北、西南地质环境比较脆弱的地区，而且有华中、华南地质环境比较优良的地区，如湖北、广东、湖南、海南等省。

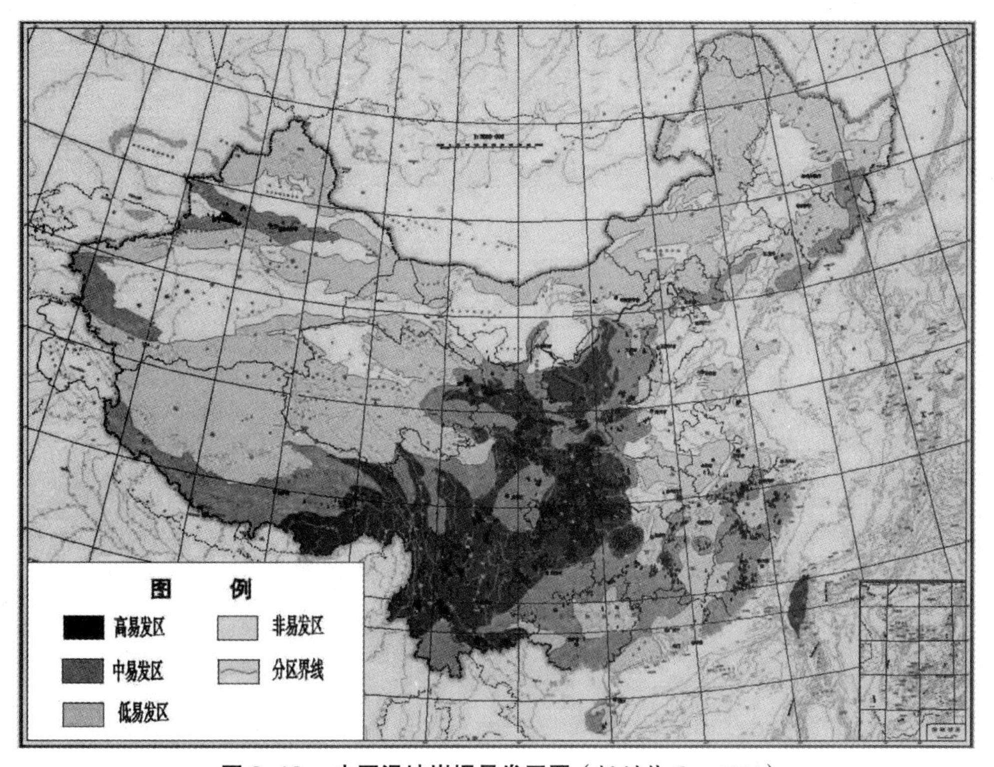

图 3–18　中国滑坡崩塌易发区图（据刘传正，2004）

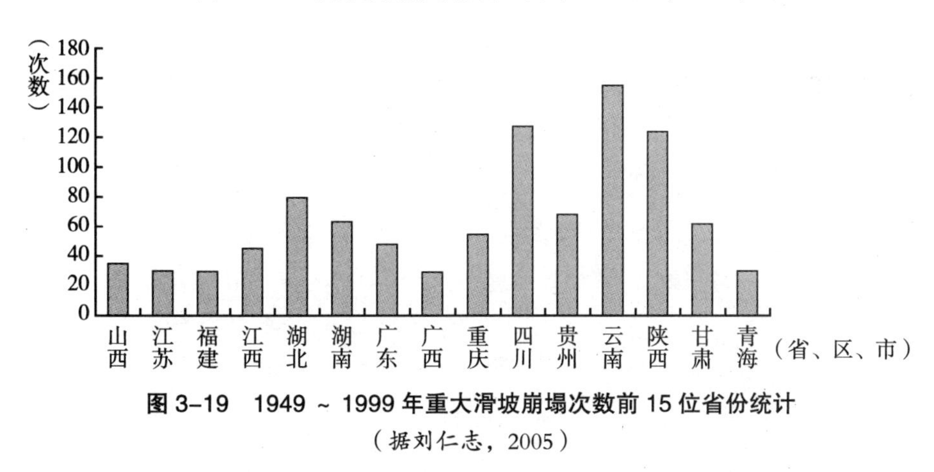

图 3–19　1949 ~ 1999 年重大滑坡崩塌次数前 15 位省份统计

（据刘仁志，2005）

2 典型崩塌灾害实例

（1）四川省北川县曲山镇崩塌　四川省北川县曲山镇东侧为灰岩分布

区，2008 年汶川 Ms8.0 级地震诱发了大量崩塌，块石最大直径可达十余米，崩塌体将道路堵断，崩落的巨大的块石将新北川中学的教学楼等建筑砸坏（图 3-20）。

崩塌地质灾害危害严重，因此，应采取必要的工程防治措施。但由于北川县城已规划搬迁到其他地点重建，北川老县城要建为地震遗址公园，不应进行更多的人为改变。该崩塌可采取长期的植树造林等生物工程措施进行防治。

（2）陕西省陇县东兴峪崩塌　该崩塌位于陇县东南镇东兴峪村三组。2005 年 6 月 30 日因降雨形成崩塌（图 3-21 ～图 3-24）。危岩体东西长约 6 米，南北宽约 30 米，厚约 15 米，总体方量约 2 700 立方米。坡脚崩积物呈锥状，为黄土及土块，最大块体直径达 1 米，体积约 500 立方米。崩塌的方向为 130° 。崩塌体将陡坎底部的房屋摧毁 3 间，未造成人员伤亡。

崩塌陡坎为人工建房切坡形成的，为中晚更新统黄土，下部古土壤层。底部有废弃的窑洞，顶部有自来水管埋于乡村土道之下，在土路处形成洼槽。崩塌主要由自来水管引起。地表水龙头的长期渗水，在土路上的汇集处形成黄土湿陷或陷穴，进而形成贯通的裂缝。当出现强降雨江流渗入地下后，水渗流到古土壤层顺层向陡坎方向流动，并使古土壤和泥岩膨胀软化，力学强

图 3-20　四川省北川县曲山镇地震诱发崩塌毁房堵路（镜向 N）

图 3-21　东南镇东兴峪崩塌全貌（镜向 N）

图 3-22　东兴峪崩塌黄土与古土壤界面（镜向 W）

度降低，随着边坡底部岩土体的冲蚀而造成开裂的黄土向外倾倒形成崩塌。

崩塌发生后，后缘坡顶形成了拉裂缝，宽 0.7 ~ 1.2 米，最宽达 2 米。地裂缝距陡坎顶部房屋最近约 5 米，威胁房屋及居民安全。从当时崩塌发育程度看，后缘坡顶形成了拉裂缝，宽 0.7 ~ 1.2 米，最宽达 2 米，且黄土垂直裂隙极为发育，从侧面看已贯通，此时崩塌处于不稳定状态，应注意雨季监测，

图 3-23　东兴峪崩塌顶部裂缝（镜向 N）

图 3-24　东南镇东兴峪崩塌体垂直裂缝（镜向 SW）

并采取排水或搬迁住户等措施，预防更大灾害的发生。

（3）四川省汶川县映秀—耿达的渔子溪两岸崩塌　渔子溪两岸地层主要为闪长花岗岩、花岗闪长岩和闪长岩。岩石块状结构，节理发育，河谷大都呈 V 字形，局部呈 U 形。2008 年汶川地震在该区段诱发了大量的崩塌和滑坡，致使刚刚修好的映秀—耿达—卧龙公路淤埋堵断多处，车辆不能通行，形成

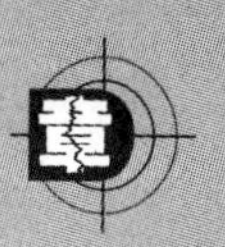

呈串珠状发育的堰塞湖。仅在映秀—耿达段，就形成了十几个堰塞湖，规模大小不等，经开挖泄流后，堰塞坝处的流水依然湍急，我们戏称之为“怒江”（图 3-25 ~图 3-28）。

（4）四川山西省吕梁市中阳县张子山乡张家嘴村崩塌 2009 年 11 月 16 日 10:40，山西省吕梁市中阳县张子山乡张家嘴村茅火梁一带发生黄土崩塌地质灾害，共造成 23 人死亡。崩塌体底部宽度约 80 米，崩塌壁高度约 50 米，平均厚度约为 10 米，崩塌体积约为 2.5 万立方米（图 3-29）。

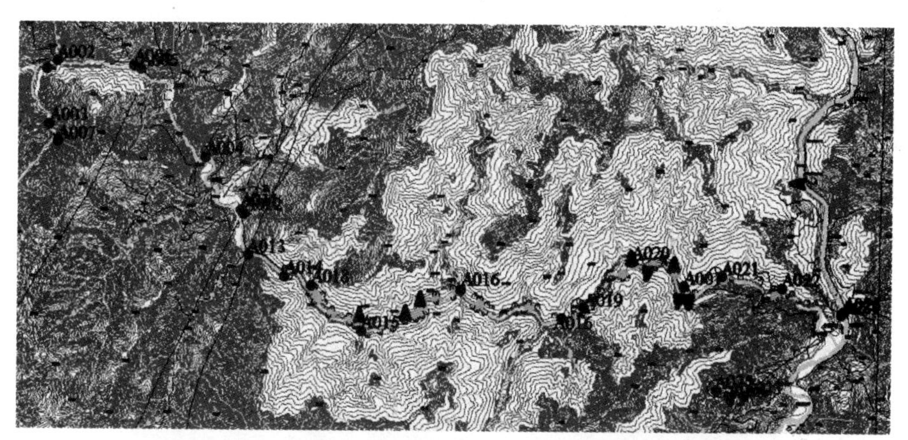

图 3-25　渔子溪两岸调查点、崩塌点及堰塞湖分布图

图 3-26　映秀镇西崩塌 - 堰塞湖

图 3-27 汶川映秀镇蟹子沟崩塌－泥石流－堰塞湖

图 3-28 汶川映秀镇原川新店道班崩塌－堰塞湖

崩塌地点处于吕梁山脉西坡，属于黄土侵蚀地貌，植被覆盖差，地质环境脆弱。发生的主要原因是：①黄土体结构松散，节理发育，利于水流渗入；②崩塌体底部的沙砾石层存在侵蚀掏空现象，对黄土陡倾斜坡的支撑作用降低；③11月10～12日，该地先雨后雪，累计降水量达53.7毫米，雨水与后期持续融雪入渗作用不但增加了坡体重量，也软化了黄土坡体物质，降低

了黄土强度，影响了其整体稳定性；④崩塌体前缘的季节性河流本是干涸的，因此次崩塌堆积出现冰雪融水壅积现象。因此，综合分析认为，本次地质灾害为雨雪入渗和风化卸荷累积作用等自然因素形成的。

图 3–29 山西省中阳县张家嘴大型黄土崩塌
（据国土资源部 2009 年度全国地质灾害通报）

第三节 崩塌地质灾害应急避险措施

1 崩塌的前兆

陡山有岩石掉块和小崩小塌不时发生时预示可能有崩塌发生。若陡山根部出现新的痕迹，嗅到异常气味，不时听到撕裂摩擦错碎声，或观察到地下水水质、水量异常时，都要警惕崩塌可能就要来临（图 3–30 ~ 图 3–32）。

图 3–30 小崩小塌不断发生
（据中国地质调查局，2008）

2 预防崩塌的措施

（1）大雨后、连续阴雨天不要在山谷陡崖下停留 雨季时，如遇到陡崖往下掉土块或石块，或者看到大石块摇摇欲坠，不要从危岩下边通过，更不要在陡崖地下避雨，应绕行避让。

图 3-31　陡山根部有破裂痕迹
（据中国地质调查局，2008）

图 3-32　听到岩石的撕裂摩擦错碎声
（据中国地质调查局，2008）

（2）不要攀登危岩　预防与治理崩塌灾害的具体措施主要包括以下几点。①掌握崩塌活动分布规律，居民点和重要工程设施要尽可能避开崩塌危险区及可能的危害区。②加强对危岩体监测、预测、预报工作，临崩前及时疏散人员和重要财产。③实施必要的工程措施，包括：护墙或护坡，防止斜坡岩土剥落；镶补、填堵坡体岩石缝洞；削坡，人工消除小型危岩体或减缓陡峭高坡；锚固，加固危岩体，提高其稳定程度，防止崩落；排水，疏通地表水和地下水，减缓对危岩陡坡的冲刷和潜蚀；拦截，修筑挡石墙、落石平台、拦石栅栏等，阻止崩塌物对工程设施的破坏；建造明硐、棚硐等防护铁路、房屋等建筑设施。

3　正确避让崩塌

（1）当崩塌发生时，应该迅速向安全地带逃生。如果位于崩塌体的底部，应该迅速向崩塌体两侧逃生；如果位于崩塌体的顶部，应该迅速向崩塌体后方或两侧逃生。

（2）行车时如果遭遇崩塌，不要惊慌，应保持冷静，注意观察险情，如前方发生崩塌，应该在安全地带停车等待；如果身处斜坡或陡崖等危险地带，应迅速离开。因崩塌造成交通堵塞时，应听从指挥，及时疏散。

4 崩塌发生后的应急措施

（1）不要立即进入灾害区搜寻财物，以免再次发生崩塌造成人员伤亡 当崩塌发生后，后山斜坡并未立即稳定下来，仍不时发生崩石、滑坍，甚至还会继续发生较大规模的崩塌。因此，不要立即进入灾害区去挖掘和搜寻财物。

（2）立即派人将灾情报告政府 偏远山区地质灾害发生后，道路、通讯毁坏，无法与外界沟通。应该尽快派人将灾情向政府报告，以便尽快开展救援。

（3）迅速组织村民查看是否还有崩塌发生的危险 灾害发生后，在专业队伍未到达之前，应该迅速组织力量巡查滑坡、崩塌斜坡区和周围是否还存在较大的危岩体和滑坡隐患，并应迅速划定危险区，禁止人员进入（图 3-33，图 3-34）。

（4）查看天气，收听广播，收看电视，关注是否还有暴雨 根据多年的经验，并注意收听广播、收看电视，了解近期是否还会有发生暴雨的可能。

图 3-33 迅速组织人员查看崩塌的分布范围，分析隐患，划定危险边界（安徽铜仁，2007）

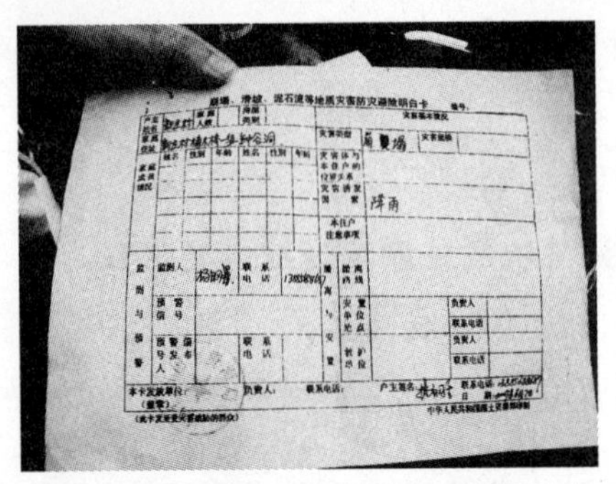
崩塌、滑坡、泥石流等地质灾害防灾避险明白卡

图 3-34　向群众发放防灾避险明白卡
（安徽铜仁，2007）

如果将有暴雨发生，应该尽快对临时居住的地区进行巡查，建立防灾应急预案，制定专门的人员时刻监视斜坡和沟谷情况，避免新的灾害发生。

（5）有组织地搜救附近受伤和被困的人员　撤离灾害地段后，要迅速清点人员，了解伤亡情况。对于失踪人员要尽快组织人员进行查找搜救。

第四节　崩塌地质灾害预防与治理

1　崩塌的监测和预警

崩塌监测以裂缝监测和雨量监测为主。一般情况下，应把变形显著的裂缝作为监测对象。可以在裂缝两侧设置固定标杆，在裂缝壁上安装标尺或裂缝伸缩仪，定期观测，做好记录。同时，应观测雨量，特别是雨季时应每天甚至是每时记录降雨量和观察裂缝，分析裂缝变化与雨量的关系，掌握崩塌的发展趋势，为防灾减灾提供依据（图 3-35，图 3-36）。

图 3-35　在裂缝两侧设立标杆
（据中国地质调查局，2008）

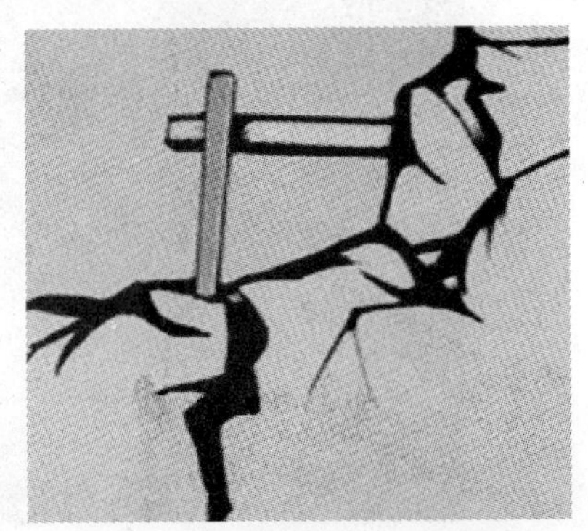
图 3-36　在裂缝上安装标尺
（据中国地质调查局，2008）

2 崩塌的治理

崩塌的治理应以根治为原则。当不能清除或根治时，可采取下列综合措施。

（1）遮挡 可修筑明洞、棚洞等遮挡建筑物使线路通过。如成昆铁路K146+017-144 王村的悬臂式棚洞（图 3-37，图 3-38）。

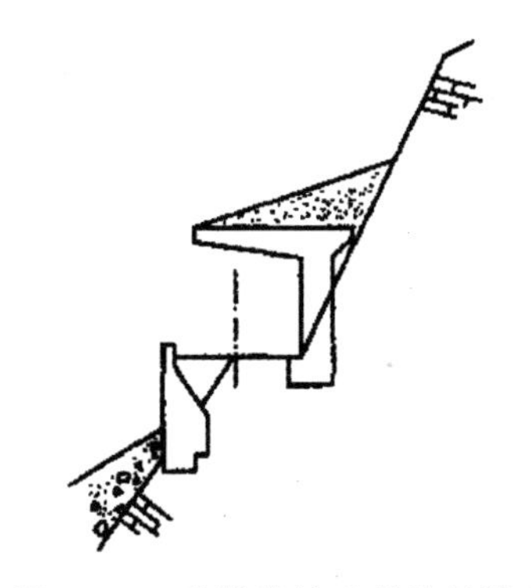

图3-37 半填半挖路基的悬臂式棚洞（据孔思丽，2001）

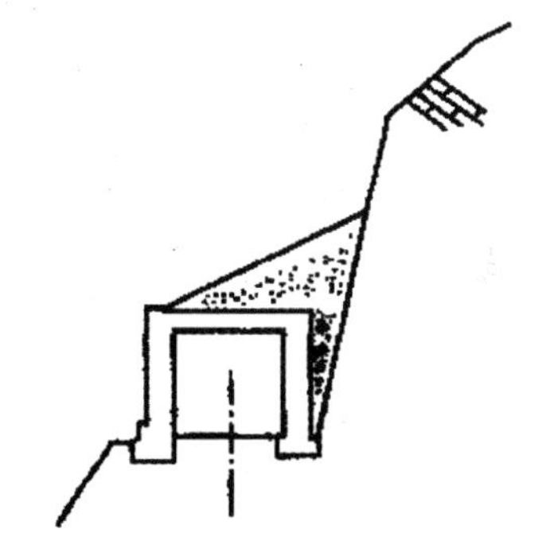

图 3-38 半路堑棚洞（据孔思丽，2001）

（2）拦截防御 当线路工程或建筑物与坡脚有足够距离时，可在坡脚或半坡设置落石平台、落石网、落石榴、拦石堤或挡石墙、拦石网（图 3-39，图 3-40）。

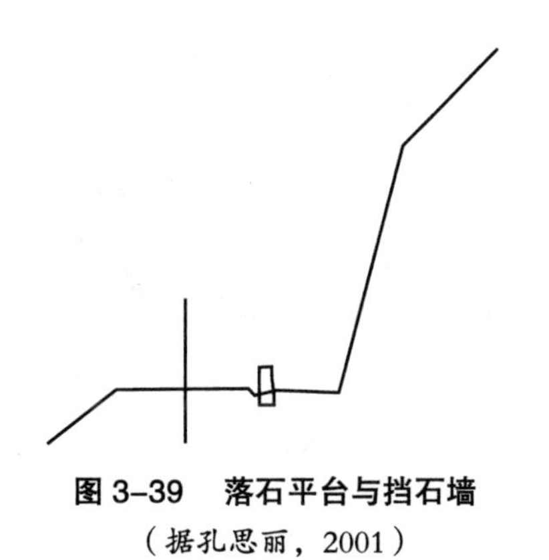

图 3-39 落石平台与挡石墙（据孔思丽，2001）

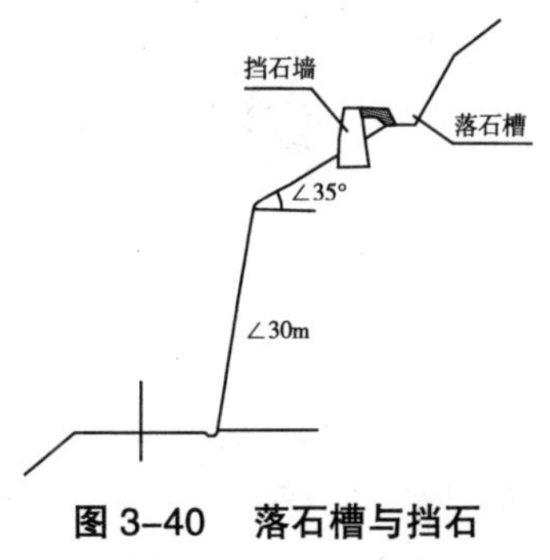

图 3-40 落石槽与挡石（据孔思丽，2001）

（3）支撑加固 在危石的下部修筑支柱、文墙。亦可将易崩塌体用锚索、锚杆与斜坡稳定部分联固（图 3-41，图 3-42）。

（4）镶补沟缝 对岩体中的空洞、裂缝用片石填补、混凝土灌注（图 3-43，图 3-44）。

（5）护面 对易风化的软弱岩层，可用沥青、砂浆或浆砌片石护面。

（6）排水 设排水工程以拦截疏导斜坡地表水和地下水。

（7）刷坡 在危石突出的山嘴及岩层表面风化破碎不稳定的山坡地段，可刷缓山坡。

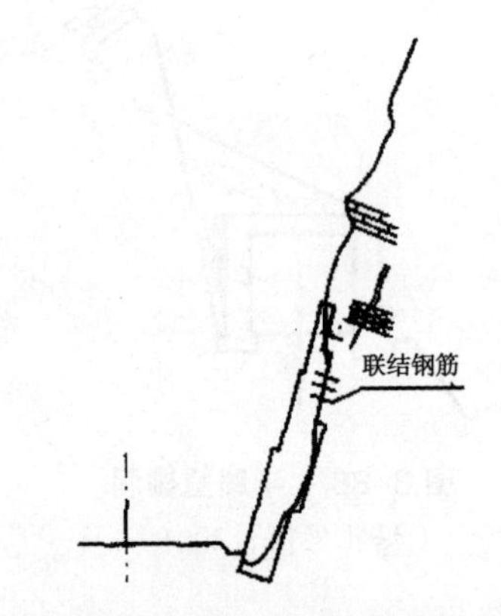

图 3-41 嵌补（据孔思丽，2001）

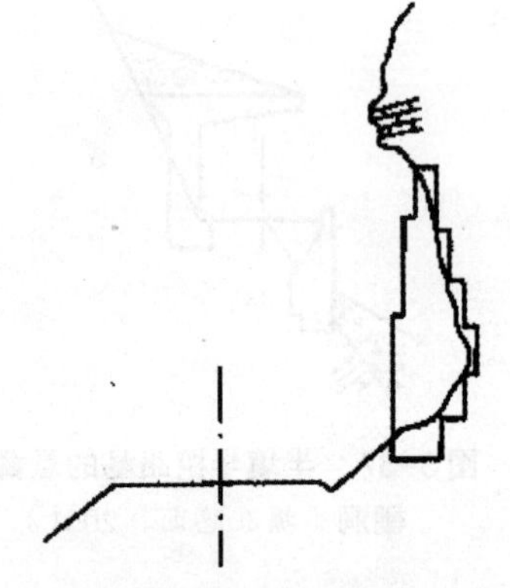

图 3-42 支顶（据孔思丽，2001）

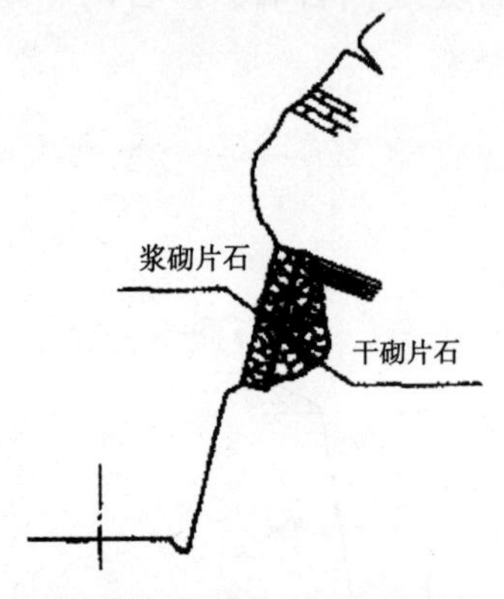

图 3-43 支撑危石并防止风化的支护墙（据孔思丽，2001）

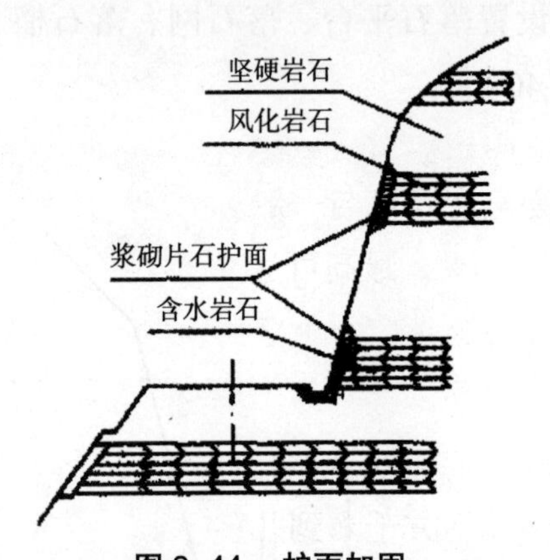

图 3-44 护面加固（据孔思丽，2001）

PART4

第四章

泥石流地质灾害

第一节　泥石流地质灾害简介

1　泥石流地质灾害

泥石流灾害，有的地方称为龙扒、水泡、走蛟等。泥石流是山区沟谷中，由暴雨、大量冰雪融水或江湖、水库溃决后大量快速的水流将山坡或沟谷中的大量泥沙、石块等固体碎屑物质一起冲走，形成较黏的特殊洪流。泥石流暴发时，常伴随山谷轰鸣，地面震动。泥石流一般具有形成区、流通区和堆积区（图 4-1），具有强大冲击力和破坏作用，对人民生命财产和资源环境造成危害。泥石流与一般洪水的根本区别是含有大量固体碎屑物，其体积含量最少为 15%，最高可达 80%。

泥石流是广大山区的重要自然灾害，特别是在地形起伏剧烈、新构造运动强烈、暴雨集中的山地高原地区尤其发育。其基本特点是：活动频繁，来势凶猛，常使人猝不及防。一次泥石流的成灾范围大小不一：孤立的泥石流一般为几平方千米到几十平方千米；区域性泥石流达几十平方千米到几百平方千米，最大可超过 1 000 平方千米。

图 4-1　泥石流形成特征及分区

2 泥石流的种类

泥石流类型是根据泥石流不同方面特征划分的泥石流种类。目前还没有统一的分类标准。根据流域特征分为标准型（沟谷型）泥石流、河谷型泥石流、山坡型泥石流；根据泥石流的物质组成分为泥流、泥石流、水石流（图 4-2 ~ 图 4-4）；根据泥石流性状分为黏性泥石流（结构性泥石流）、稀性泥石流（紊流型泥石流）；根据泥石流形成的直接原因分为降雨型泥石流、冰

图 4-2　黄土为主的泥流

图 4–3　沙和砾石为主的泥石流

图 4–4　砾石为主的水石流

川型泥石流、火山泥石流等；根据泥石流规模分为大型泥石流、中型泥石流、小型泥石流；根据泥石流发育阶段分为发展期泥石流、旺盛期泥石流、衰退期泥石流、停歇期泥石流……

3 泥石流的主要危害

泥石流具有广泛破坏效应，主要危害表现为：①摧毁城镇、村庄、矿山、

图 4-5　泥石流摧毁城镇、村庄
（据中国地质调查局，2008）

工厂、工程设施，造成人员伤亡和财产损失；②破坏铁路、公路、桥梁、车站，颠覆淤埋火车、汽车，淤塞航道，破坏水陆交通运输；③淤积河道、湖泊、水库，破坏水利工程，加剧洪水灾害；④破坏国土资源和流域生态环境，加剧山区贫困（图 4-5 ~ 图 4-8）。

中国是世界上泥石流灾害特别严重的国家。据不完全统计，1998 年伴随长江、

图 4-6　泥石流破坏铁路、公路、桥梁、车站（据中国地质调查局，2008）

图 4-7　泥石流淤积河道、湖泊、水库，破坏水利工程（据中国地质调查局，2008）

图 4-8　泥石流摧毁房屋、农田

嫩江、松花江和其他地区洪水，全国发生泥石流 18 万多处，共造成 1 150 人死亡，占当年全部自然灾害死亡人数的 21%。

4 松散堆积物

松散堆积物是指在山坡或沟谷中因自然风化或地表水形成的泥土或沙砾石。此外，也包括因人类采矿、建筑等活动遗弃在沟谷或山坡上的垃圾（图 4-9）。大量的松散堆积物是形成泥石流的物质基础。它们在强大水流的

图 4-9　某采矿场堆积在沟谷中的废弃矿渣

图 4-10　泥石流沟谷判别方法示意图

作用下被起动，与水一起向低洼处流动形成了泥石流。

5 泥石流沟谷的判别方法

判断一条沟谷是不是泥石流沟谷主要依据几个方面：在沟口有大量的扇形松散堆积物；沟谷中发育大量砂砾石和卵砾石，颗粒大小差别比较大；沟脑或沟源发育有许多围椅状地形且坡面和沟谷堆积物较少，都可以判断这条沟谷为泥石流沟谷（图 4–10）。

6 容易产生泥石流的地方

容易产生泥石流的地方，一般说来主要有：①在降雨量比较大，暴雨时常发生，植被覆盖率较低，且山坡或沟谷中松散固体碎屑物质比较发育的山区沟谷及山坡。②崩塌滑坡发育的沟谷。这是因为泥石流与崩塌、滑坡既具有密切联系。它们作为山区地质灾害常常相伴而生，形成灾害群。崩塌和滑坡形成的松散岩土碎屑物为泥石流提供了必需的物质条件，有时由暴雨、洪水诱发的崩塌、滑坡发生后，瞬时就转化为泥石流，进一步强化了灾害过程（图 4–11）。

图 4–11　泥石流易发区示意图

7 泥石流的形成与诱发条件

形成泥石流必须具备三方面条件：地形为陡峭的山地、沟谷发育；有充足的松散固体碎屑物质来源；大量而又急促的水流条件。强降雨、大量冰雪融化或江湖、水库溃决等形成的洪水都可能诱发形成泥石流（图 4–12）。

图 4–12　泥石流形成条件示意图
（据中国地质调查局，2008）

泥石流活动具有显著的群发性和不规则的周期性特点。有时在同一个地区或区域，因暴雨洪水导致几十条乃至上千条沟谷暴发泥石流，成灾范围达到几百平方千米以上，这就是泥石流的群发性；由于降雨是诱发泥石流的主要因素，因而泥石流与降雨存在相同的周期，在多年变化中，泥石流活动强弱交替，形成不同时间尺度的交替变化。在一年内，泥石流活动主要伴随暴雨洪水或融雪发生在夏季和春末、夏初之时，具有一定的周期性。

此外，地震等强烈的地壳运动可以将松散的固体碎屑物质或岩石因波动而碎裂，在势能和气体作用下顺山坡坡面向下流动或滚动，形成无水的干碎屑流，也有人称为干泥石流。

8 泥石流可能引起的次生灾害

泥石流可能引起的次生灾害有：①泥石流具有强大的刨蚀和侵蚀能力，其发生过程中可能引起河岸坍塌或诱发新的滑坡、崩塌灾害。②泥石流发生过程中会造成人员、牲畜、家禽等死亡，或将人或动物埋在泥石流堆积物中，可能引发小范围内的瘟疫流行。③泥石流可能造成水利工程毁坏或溃决，诱发新的泥石流灾害。④泥石流可能造成交通中断、输电线路毁坏，造成救灾能力下降，增大其破坏损失的可能性。

第二节　泥石流灾害的分布规律及典型实例

1　中国泥石流地质灾害的分布规律

泥石流灾害主要发育于山区的沟谷中，崩塌、滑坡、泥石流有时合称为山地地质灾害。中国的泥石流灾害主要分布于四川、云南山区以及秦巴山区。此外，在云贵高原、黄土高原、太行山、燕山、长白山、天山、东南丘陵和山东丘陵等地也比较发育。其他地区因泥石流造成的破坏损失相对比较小（图 4–13）。

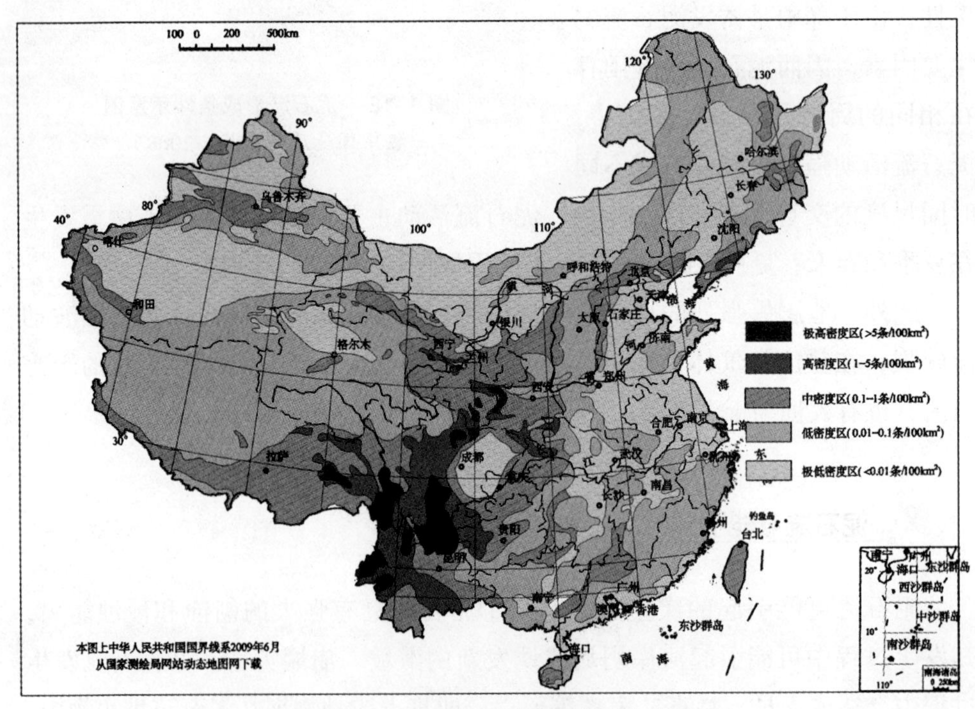

图 4–13　中国泥石流灾害分区分布图

2 典型泥石流灾害实例

（1）云南省昆明市东川区泥石流 东川区位于云南省东北部的小江流域，小江流域面积 1 430 平方千米，市内流程长 86 千米。流域具有显著的亚热带山地气候特点，海拔高程为 1 100 ~ 3 300 米，年降水量为 700 ~ 1 000 毫米，集中在 6 ~ 8 月（降水量占全年总降水量的 50% 以上）。雨季常发生暴雨，最大暴雨强度为 106 毫米 / 小时。

小江流域是我国活动最强烈的地区之一，其特点是泥石流沟谷数量多、密度大、活动频繁，破坏损失严重，防治困难。

小江流域地层自中元古界至第四系均有发育（缺失白垩系），主要岩性为板岩、砂岩、页岩、泥岩、灰岩、玄武岩和松散堆积物。大部分岩石强度低、结构破碎、风化严重，为泥石流提供了丰富的物质基础（图 4–14）。

据调查资料，小江流域有泥石流沟 107 条。其中规模较大、活动频繁、成灾严重的有 61 条沟谷，主要包括蒋家沟、大桥河、黑水河、大白泥沟、老

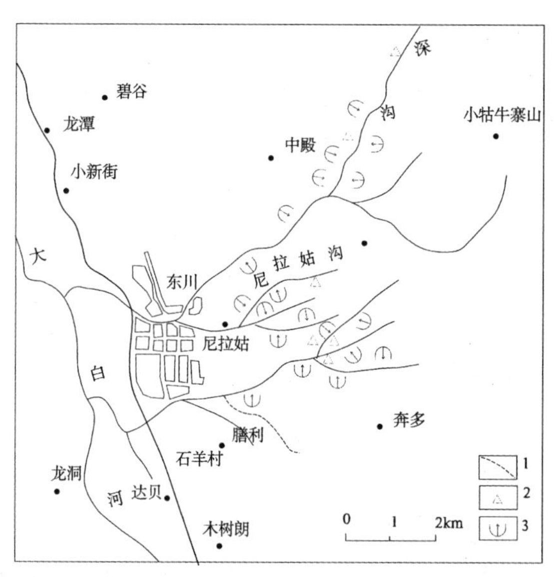

图 4–14 云南省昆明市东川区泥石流灾害分布图

1. 泥石流；2. 大型危岩体；3. 大型滑坡

干沟、石羊沟等。据不完全统计，到2009年，该区发生泥石流灾害30余次，至少造成163人死亡，冲毁房屋、道路、电站等工程设施，造成的经济损失超过1亿元，冲毁大量农田，使铁路工程的使用寿命由100年降为30年。近年来铁路累计中断运输1 405天，累计抢修费用1 700万元，改用汽车运输后增加运费4 215万元。

（2）甘肃省舟曲县泥石流 2010年8月8日凌晨，甘肃省舟曲县城区及上游村庄由于普降暴雨遭受特大山洪泥石流灾害，造成1 481人死亡、284人失踪。舟曲特大山洪泥石流灾害发生后，导致白龙江形成堰塞湖致使江水水位暴涨，舟曲县城1/3街区被淹，大量房屋被淤埋。

舟曲县位于甘肃省东南部的白龙江中上游，东、北与陇南地区的武都、宕昌县为邻，南与陇南地区的文县、四川省南坪县接壤，西与本州迭部县毗连。地理坐标为东经103° 51′ ~ 104° 45′，北纬33° 13′ ~ 34° 01′，西秦岭、岷山山脉呈东南至西北走向贯穿全境，地势西北高、东南低。

境内多高山深谷，气候垂直变化十分明显，半山河川地带温暖湿润。海拔在1 173 ~ 4 505米，年均气温12.7℃，年降水量400 ~ 900毫米。全县总面积2 983.7平方千米，其中耕地面积109.65平方千米（16.44万亩）。共辖22乡，总人口13.47万，其中农业人口占91.4%。

灾害发生后，党和政府高度重视，立即组织抢险救灾。武警水电部队、兰州军区工程兵某部每天出动上千名官兵，动用大型机械百余台，先是排除了堰塞湖溃决险情，从8月13日转入河道应急疏通任务，24小时持续奋战，终于提前完成了这一艰巨任务。到8月30日12时，城江桥至城关桥段水位已回落至省道313线最低点，城区积水全部回流归槽，标志着舟曲白龙江堰塞湖应急排险和河道应急疏通任务全面完成（图4-15，图4-16）。

（3）四川省绵竹市文家沟泥石流 2010年8月12 ~ 13日，四川省绵竹市清平乡出现大暴雨，引发特大山洪泥石流灾害。初步统计，共造成9人死亡、3人失踪。其中，文家沟泥石流造成5人死亡、1人失踪；烂泥沟泥石流造成3人死亡、2人失踪；娃娃沟造成1人死亡，379户农房被掩埋，绵竹至茂县公路全面中断，桥梁被毁、学校被淹，直接经济损失约4.3亿元。

清平乡位于绵竹市西北部龙门山中高山山区，地处汶川特大地震极震区，

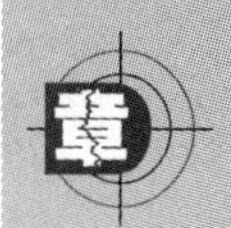

图 4-15　甘肃省舟曲县泥石流灾害淤埋房屋

图 4-16　甘肃省舟曲县泥石流灾害救灾现场

区域构造上属四川盆地西北部的龙门山推覆构造带前缘。清平—白云山活动断裂通过该区，地质构造作用强烈，断裂发育。岩层多陡倾、直立乃至倒转，裂隙发育，岩体破碎。受特殊地形、地质条件影响，清平乡在汶川地震前地质灾害就极为发育，共查明地质灾害隐患44处。汶川特大地震影响极为显著，地震后新增地质灾害隐患 71 处。该次特大山洪泥石流灾害共有 11 条沟发生山洪泥石流，其中，尤以清平乡场镇北（绵远河上游）的文家沟、走马岭沟、罗家沟和娃娃沟四条山洪泥石流沟最为严重。

文家沟泥石流。由主沟和 2 条支沟组成，整个沟谷汇水面积 7.81 平方千米，主沟长 3.25 千米，纵坡降 80‰ ~ 460‰，沟内固体物质丰富。8 月 13 日，泥石流冲出量高达 450 万立方米。8 月 18 ~ 19 日，再次遭受特大暴雨，泥石流冲出 30 万立方米。堵塞河道，形成堰塞湖（图 4–17 ~图 4–19）。

走马岭沟泥石流。由主沟和 3 条支沟组成。整个沟谷汇水面积 7.44 平方千米，主沟长 3.93 千米，平均纵坡降 132‰，本次泥石流冲出量高达 100 万立方米。

罗家沟泥石流。沟谷汇水面积 1.6 平方千米，主沟长 1.6 千米，平均纵坡

图 4–17　四川省绵竹市清平乡文家沟泥石流冲积全景

图 4–18　四川省绵竹市清平乡文家沟泥石流灾害淤埋房屋

图 4–19　四川省绵竹市清平乡文家沟泥石流灾害淤埋公路及房屋

降 290‰，本次泥石流冲出量高达 10 万立方米。

娃娃沟泥石流。为新发泥石流，汇水面积 0.64 平方千米，沟长 1.63 千米，纵坡降 374‰，本次泥石流冲出量高达 2 万立方米。

以上山洪泥石流在清平乡附近形成 600 万立方米堆积，其最大厚度达 13 米多，覆盖面积 120 万平方米左右。

2010 年 8 月 12 日下午 6:00 左右，清平乡开始降雨。下午 7:00 至晚 10:00，雨量较小，然后逐渐增大。晚 10:30 至 13 日凌晨 1:30 左右，雨量非常大。山洪泥石流大约在 12 日晚 11:45 开始暴发。至 13 日凌晨 1:00，规模达到最大。13 日凌晨 2:30 左右，老大桥被堵塞，造成山洪泥石流改道漫流，形成次生灾害，淹没清平乡场镇上的学校、加油站及安置房。

（4）甘肃省兰州市泥石流　甘肃省兰州市区处于黄河上游的一个狭长谷地之中。其东起桑园峡，西至八盘峡，东西长约 80 千米，南北两侧均为丘陵、山地，宽几千米到十几千米。市区面积 1 632 平方千米，建成区面积 163 平方千米（1995 年）。

兰州市区泥石流特别发育。据调查有泥石流沟 55 条，其中黄河南岸 24 条，北岸 31 条。泥石流沟一般长 5 ~ 15 千米，流域面积一般为 3 ~ 30 平方千米。规模较大的泥石流沟主要有：寺儿沟、大金沟、黄峪沟、罗锅沟等（图 4–20）。

新构造运动的差异性和间歇性升降运动，导致兰州市区河流两岸明显不对称。南岸山坡坡度 40° ~ 50°，相对高差 400 ~ 500 米；北岸山坡坡度

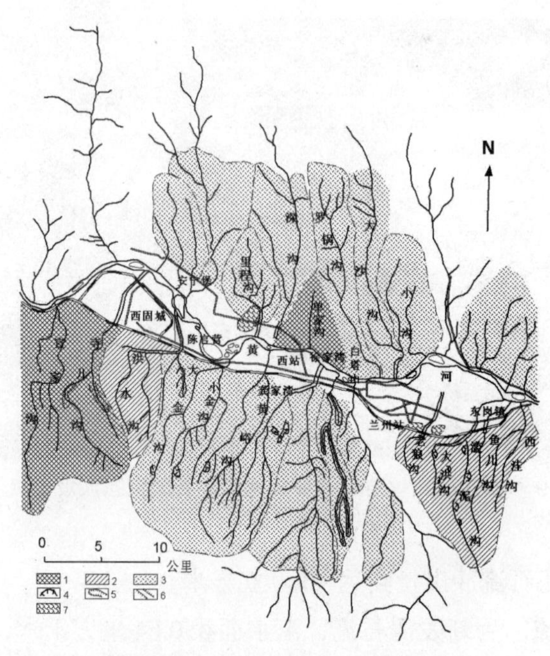

图 4–20　兰州市区泥石流分布图

1. 黏性泥石流区；2. 黏性泥流区；3. 洪水间稀性泥石流；4. 滑坡；5. 沟岸坍塌；6. 排导沟；7. 泥石流溢出口和排泄区

40° ~ 60°，相对高差 400 ~ 800 米。山坡上侵蚀切割剧烈，沟谷密集。因此为泥石流活动提供了有利的地形地貌条件。

黄河两岸山坡主要为黄土、半成岩的第三系泥岩以及花岗片麻岩、砂岩、页岩，岩土结构松散，抗侵蚀能力差。外动力地质作用强烈，滑坡以及崩塌、土溜等十分发育。因此为泥石流提供了比较充分的固体碎屑物质。

兰州市属中温带亚湿润气候。年平均降水量 476 毫米，降水分配不均，年内降水主要集中在 6 ~ 9 月，其降水量占全年的 72%，并多以暴雨的形式发生；每次暴雨降水量 20 ~ 60 毫米。暴雨洪水是兰州市泥石流活动的主要激发因素。据最近 20 多年来发生的几次较大规模泥石流的监测统计资料，泥石流活动的降雨强度为：一次短历程（2 小时左右）的降雨量 30 毫米，雨强达 20 毫米 / 小时的降雨即可引起泥石流；一次历程降水（2 ~ 3 小时）超过 60 毫米，或降雨强度达到 50 毫米 / 小时的暴雨可引起较大规模的群发性泥石流。

除上述自然条件外，人为活动也具有不可忽视的重要作用。影响最严重

的是山坡上沿沟谷开辟了许多采石场，不仅加剧了水力侵蚀活动，而且大量废石弃渣成为泥石流固体碎屑物的物源。此外，建房、修路等工程建设活动也对山坡和岩土结构产生一定影响。

第三节 泥石流地质灾害应急避险措施

1 泥石流的前兆

发生泥石流的前兆有：①连续降雨时间较长，发生暴雨并在沟谷中形成洪水时。②河水突然断流或洪水突然增大并夹杂着较多的岸边柴草或树木。这是由于上游崩塌或滑坡堵塞了河流，或山坡已发生滑坡或沟谷形成了坍岸。③沟谷深处变昏暗并伴随轰隆隆的巨响，或感受到了地表的轻微振动等。这可能是上游已发生滑坡，泥石流很可能马上就发生（图 4–21，图 4–22）。

图 4–21 暴雨或连续降雨，使沟谷中水位暴涨

（据中国地质调查局，2008）

图 4–22 河谷中突然变暗并伴随崩塌滑坡的轰鸣声

（据中国地质调查局，2008）

2 预防泥石流的措施

预防泥石流的措施有：①选择房屋建筑场地时，应在地势较高的地方

图 4-23　把房屋建在高处安全的地方而不能建在沟谷中（据中国地质调查局，2008）

（应在历史最高洪水位以上）。尽可能不要建在沟谷中或沟口（图 4-23）。②在山坡或沟谷中种植树木或花草，固水保土，减少发生崩塌、滑坡等可能形成的泥石流物源。③在山坡上修建引水渠等水利工程时，应尽可能做好防水层，避免渗漏。④在沟谷中进行采矿或工程建筑活动时，弃渣应规划放置而不是直接堆弃在沟谷中（图 4-24）。⑤修建泄洪道，保护人们居住的场地。

图 4-24　采矿场尾矿库堆放矿渣修建的规整的阶梯坝

3　正确避让泥石流

发生泥石流时，应该①向着泥石流沟谷的两侧山坡上跑，或向着与泥石流成垂直方向跑，而不能顺着沟谷或泥石流的流动方向跑。②站在山坡上相对稳定的岩石上而不能站在松散的堆积物上。③不能停留在土层较厚的陡坎或陡坡下，也不能停留在大石块的后边。④不能躲在树上或发育大量松散堆积物和滚石的下方。⑤在自己躲避时应大声呼喊，让他人也躲到安全的地方。⑥一旦发生泥石流，应立即向当地政府部门报告，以便政府部门及时组织营救（图 4–25 ~图 4–28）。

图 4–25　向两侧跑并提醒他人撤离
（据中国地质调查局，2008）

图 4–26　别躲在树上或松散堆积物上
（据中国地质调查局，2008）

图 4–27　不要停留在陡坡上或躲在石头后面（据中国地质调查局，2008）

图 4–28　站在稳定地方并向政府汇报
（据中国地质调查局，2008）

4 泥石流发生后的应急措施

发生泥石流后的应急措施有：①选择高处的平整地块作为营地或指挥部。②在组织营救人员或救灾抢险时，应时刻注意安全，躲避可能再次发生的泥石流。③营地不宜选在沟谷内较低平的地方。特别是沟谷内有大量弃碴或弃土不宜作为营地。④营地不宜选择在沟谷内堆弃的矿渣山、工程建筑垃圾的堆放场地。

第四节 泥石流灾害预防与治理

1 泥石流的监测和预警

泥石流的监测预警方法主要有：①在有条件的泥石流沟谷中安装雨量监测器，随时预报降雨情况。当降雨发生时，应派专人值班，观测雨情，一旦发现险情，就及时发出警报，组织人员撤离。②在无条件安装雨量监测器的沟谷中居民，应注意收听当地的气象预报。暴雨尽可能不要进入山谷中。③在泥石流频发的沟谷中，应沟口设置警示牌，提醒人们注意安全。

2 泥石流的治理

泥石流的治理方法主要有：①将山坡上出现的裂缝填埋、夯实，减少发生滑坡的机会。②在山坡或沟谷中种植树木或花草，固水保土。③在山坡上修建排水渠，把水引到其他地方或沟谷中。④在沟谷中修建拦挡石块的栅栏坝，减轻泥石流的危害或威胁。⑤修建排导槽，将泥石流引向别的地方，保护人们居住的地方（图4–29，图4–30）。

图 4–29　房屋不能建在沟谷底部

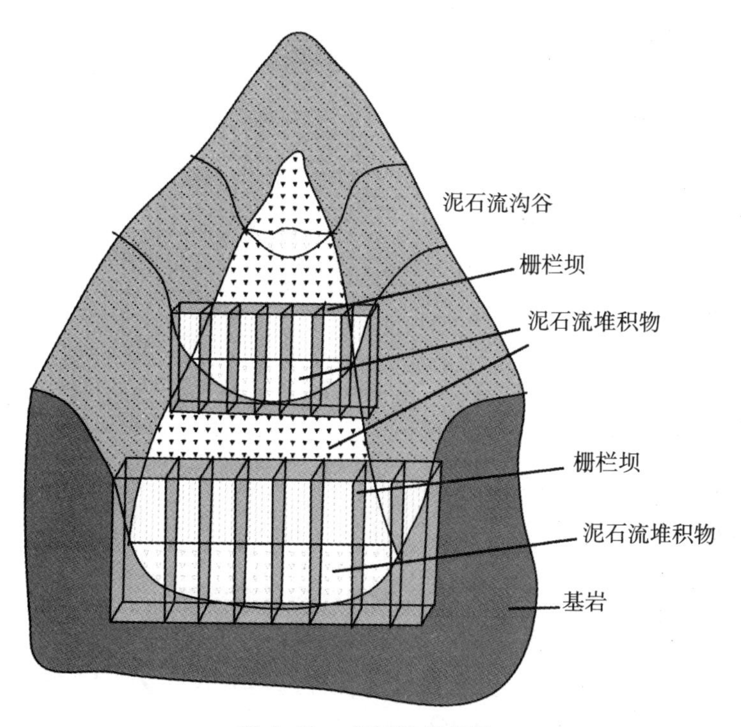

图 4-30　泥石流栅栏坝

附录 1

地质灾害小常识

1 遇到滑坡、崩塌、泥石流等灾害时应该怎样跑

（1）遇到滑坡发生时，应选择以下几种逃跑方式：①当您处于滑坡体上，要用最快的速度向山坡两侧稳定地区逃离。向滑坡体上方或下方跑都是危险的！②当您处于滑坡体中部无法逃离时，找一块坡度较缓的开阔地停留，但一定不要和房屋、围墙、电线杆等靠得太近。③当您处于滑坡体前沿或下方时，只能迅速向两边逃生，别无选择。

（2）当遇到崩塌发生时，应选择以下几种逃跑方式：①如果位于崩塌体的底部，应该迅速向崩塌体两侧逃生。②如果位于崩塌体的顶部，应该迅速向崩塌体后方或两侧逃生。③如果行车时遭遇崩塌，不要惊慌，应保持冷静，注意观察险情，如前方发生崩塌，应该在安全地带停车等待；如果身处斜坡或陡崖等危险地带，应迅速离开。因崩塌造成交通堵塞时，应听从指挥，及时疏散。

（3）当遇到泥石流发生时，应选择以下几种逃跑方式：①应向着泥石流沟谷的两侧山坡上跑，或向着与泥石流成垂直方向跑，而不能顺着沟谷或泥石流的流动方向跑。②应站在山坡上相对稳定的岩石上而不能站在松散的堆积物上。③不能停留在土层较厚的陡坎或陡坡下，也不能停留在大石块的后边。④不能躲在树上或发育大量松散堆积物和滚石的下方。⑤在自己躲避时应大声呼喊，让他人也躲到安全的地方。

2 在地质灾害高发区应怎样选择建房位置

选择安全稳定地段建设村庄、构筑房舍，是防止滑坡危害的重要措施。村庄的选址是否安全，应通过专门的地质灾害危险性评估来确定。在村庄规划建设过程中合理利用土地，居民住宅和学校等重要建筑物，必须避开地质灾害危险性评估指出的可能遭受滑坡危害的地段。

在地质灾害高发区，建房位置应选在以下几个地方：

（1）建房位置应选在远离高陡边坡的地方。

（2）建房位置应选在避开谷底和沟口的地方。

（3）在山区不能避开高陡边坡的地方建房时，应注意切坡陡坎不宜太高，切坡后应采取适当的防护措施。

（4）在山区不能避开谷底和沟口的地方建房时，应在地势较高的地方（应在历史最高洪水位以上）。应修建防洪堤或排导槽对房屋进行防护。

3 怎样预防滑坡、崩塌、泥石流地质灾害

（1）滑坡的预防措施 在山地环境下，滑坡现象虽然不可避免，但通过采取积极防御措施，滑坡危害则是可以减轻的。具体防御措施分为以下几点。①选择安全场地修建房屋尽量避开地质灾害危险性评估指出的可能遭受滑坡危害的地段。②不要随意开挖坡脚，如果必须开挖，应事先向专业技术人员咨询并得到同意后，或在技术人员现场指导下，方能开挖。坡脚开挖后，应根据需要砌筑维持边坡稳定的挡墙等防护措施。③不随意在斜坡上堆弃土石，当废弃土石量较大时，必须设置专门的堆弃场地。④管理好引水和排水沟渠，一旦发现渠道渗漏，应立即停水修复。⑤当发现有滑坡发生的前兆时，应立即报告当地政府或有关部门，同时通知其他受威胁的人群，做好撤离准备。

（2）崩塌的预防措施 预防与治理崩塌灾害的具体措施主要包括以下几点：①大雨后、连续阴雨天不要在山谷陡崖下停留，更不要在陡崖地下避雨，应绕行避让。②掌握崩塌活动分布规律，居民点和重要工程设施要尽可能避

开崩塌危险区及可能的危害区。③加强对危岩体监测、预测、预报工作，临崩前及时疏散人员和重要财产。④实施必要的工程措施。

（3）泥石流的预防措施　预防泥石流的措施有：①选择房屋建筑场地时，应在地势较高的地方（应在历史最高洪水位以上）。尽可能不要建在沟谷中或沟口。②在山坡或沟谷中种植树木或花草，固水保土，减少发生崩塌、滑坡等可能形成的泥石流物源。③在山坡上修建引水渠等水利工程时，应尽可能做好防水层，避免渗漏。④在沟谷中进行采矿或工程建筑活动时，弃渣应规划放置而不是直接堆弃在沟谷中。⑤修建泄洪道，保护人们居住的场地。

附录Ⅱ

国外典型地质灾害

灾害种类	时间（年.月.日）	地　点	简要灾情
滑坡	1910.8	日本本州岛奥羽铁路赤岩隧道滑坡	隧道垮塌，中断行车1年4个月
	1938.7.3	日本神户六甲山滑坡	616人死亡
	1990.8.19	墨西哥瓦哈卡州卢斯滑坡	卢斯卡市许多房屋被淹埋，14人死亡，5人失踪
	2001.2	印度尼西亚爪哇岛西部的勒巴克镇发生山体滑坡	造成106人死亡
	2004.4.23	印度尼西亚西苏门答腊地区发生山体滑坡	一辆载有57名乘客的客车被坍塌的山体埋没，至少造成37人死亡，另有7人失踪
	2005.2.22	印度尼西亚西爪哇省会万隆附近的巴都加加尔镇滑坡	造成至少17人死亡，130人失踪
	2010.4.7	巴西里约热内卢市附近一处贫民窟山体滑坡	造成192人死亡，162人受伤，1.1万人无家可归
泥石流	1953.12.24	新西兰鲁阿佩胡泥石流	损毁公路、村庄，死伤多人
	1963.10.9	意大利瓦依昂特水库滑坡并发泥石流	2 125人死亡，5个村庄被毁
	1968.8.18	日本本州岛飞弹川泥石流	一辆公共汽车被冲翻，104人死亡
	1982.7.23	日本九州岛长崎泥石流	299人死亡
	1983.7.22–23	日本本州岛岛根泥石流	117人死亡，直接经济损失2 000多亿日元
	1988.6.23	土耳其马奇卡泥石流	约300人死亡，一些饭店、学校、住宅遭到破坏

续表

灾害种类	时间（年.月.日）	地　点	简要灾情
泥石流	1921.7.8	原苏联小阿尔马京卡河泥石流	500多人死亡，阿拉木图市遭到严重破坏
	2006.1.5	印度尼西亚中爪哇省斯杰鲁克村泥石流	整个村庄被埋，造成10人死亡，200人失踪
	2006.2.17	菲律宾东部莱特岛圣伯纳镇及周边地区泥石流	造成1 800人死亡。直接经济损失220万美元。仅吉恩萨贡村泥石流就造成94人死亡、19人受伤、982人失踪
	2010.2.23	印度尼西亚中爪哇省茶园泥石流	造成6人死亡，60人失踪
地面沉降	1850 ~ 1957	墨西哥墨西哥市	最大累计沉降量10米左右，沉降面积7 500多平方千米
	1885 ~ 1968	日本大阪市	最大累计沉降量2.9米，沉降面积1 600多平方千米
	1898 ~ 1968	日本东京市	最大累计沉降量4.6米，沉降面积955平方千米
	1915 ~ 1973	日本新潟	最大累计沉降量2.7米，沉降面积约2 100平方千米
	1936 ~ 1967	美国加州圣何塞市	最大累计沉降量3.9米，沉降面积约600平方千米
		意大利威尼斯市	最大累计沉降量1.0米

附录Ⅲ

中国典型地震灾害

时间（年.月.日）	地　点	震级	简要灾情
1038.1.9	山西定襄—忻县	7.3	32 300 人死亡，5 655 人受伤，死亡牲畜 50 000 余头
1057.3.24	北京南郊	6.8	约 25 000 人死亡
1219.6.2	宁夏固原	6.5	约 10 000 人死亡
1303.9.17	山西洪洞—赵城	8	约 200 000 人死亡（一说 475 800 人死亡）
1499.7.17	云南巍山	5.5	约 20 000 人死亡
1500.1.4	云南宜良	7	约 10 000 人死亡
1566.1.23	陕西华县	8	约 830 000 人死亡（含饥饿、疫病死亡人口）
1622.10.25	宁夏固原	7	约 12 000 人死亡
1654.7.21	甘肃天水	8	约 31 000 人死亡
1688.7.25	山东莒县、郯城	8.5	47 615 人死亡（一说 50 000 人死亡）
1679.9.2	河北三河、北京平谷	8	约 45 500 人死亡
1695.5.18	山西临汾	7.5	约 52 600 人死亡
1718.6.19	甘肃通渭	7.5	约 75 000 人死亡（一说 45 000 人死亡）
1739.1.3	宁夏平罗—银川	8	约 50 000 人死亡（一说 65 300 人死亡）
1791.4.8	福建东山	5.5	约 10 000 人死亡

续表

时间（年.月.日）	地　点	震级	简要灾情
1815.10.23	山西平陆	6.8	约 37 000 人死亡
1830.6.12	河北磁县—彭城	7.5	约 10 000 人死亡（一说 7 000 人死亡）
1850.9.12	四川西昌附近	7.5	约 24 000 人死亡
1879.7.1	甘肃武都南	8	29 086 人死亡
1920.12.16	宁夏海原	8.5	约 247 000 人死亡
1921.4.12	宁夏固原	6.5	约 10 000 人死亡（一说数万人死亡）
1927.5.23	甘肃古浪	8.0	40 912 人死亡
1931.8.11	新疆富蕴附近	8	10 000 余人死亡
1966.3.22	河北邢台（宁晋）	7.2	8 064 人死亡，9 492 人重伤，28 959 人轻伤，毁坏民房 2 620 000 间，经济损失约 10 亿元人民币
1970.1.5	云南通海	7.7	15 621 人死亡，5 648 人重伤，21 135 人轻伤，毁坏民房 338 456 间，死亡牲畜 16 638 头，损坏水库 12 座、桥梁 4 座，经济损失约 3 亿元人民币
1976.7.28	河北唐山	7.8	约 240 000 人死亡，167 593 人重伤，541 063 人轻伤，毁坏民房 6 293 800 间，破坏民房 1 386 000 间，损坏工业及其他用房 1 493 800 间，死亡牲畜 484 200 头，损坏水库 245 座，破坏桥梁 1 034 座，经济损失 132.75 亿元人民币
1988.11.6	云南澜沧—耿马	7.6	748 人死亡，3 759 人重伤，3 992 人轻伤，毁坏民房 412 000 多间，破坏民房 704 000 间，损坏民房 742 800 间，损坏水库 207 座，破坏桥梁 91 座，经济损失 27.5 亿万元人民币
1996.2.3	云南丽江	7.0	309 人死亡，3 925 人重伤，12 987 人轻伤，毁坏房屋 79 万平方米，损坏房屋 1 601 万平方米，直接经济损失约 25 亿元人民币
1999.9.21	台湾南投	7.6	2 483 人死亡，4 000 多人重伤，毁坏房屋 38 000 多间，经济损失约合 92 亿美元
2008.5.12	四川汶川	8.0	69 197 人死亡，18 377 人失踪，374 176 人受伤，直接经济损失 8 451 亿元人民币
2010.4.12	青海玉树	7.1	死亡 2 192 人，失踪 78 人，受伤 12 128 人，其中重伤 1 424 人

主要参考文献

[1] 地球科学大辞典编委会. 地球科学大辞典. 北京：地质出版社，2006.

[2] 中华人民共和国国土资源部. 2007 年度中国地质环境公报，2007.

[3] 中华人民共和国国土资源部，中国地质调查局. 地质灾害预防 32 问. 北京：地质出版社，2008.

[4] 矢野义男 [日]，渡正亮，等. 泥石流、滑坡、陡坡崩塌防治工程手册. 周顺行，李良义译，南京：河海大学出版社，2003.

[5] 魏伦武，丁俊，王德伟，等. 四川省特大型滑坡危害与防治对策. 中国地质灾害与防治学报，2007，18（增刊）：19–21.

[6] 黄健民. 在国土整治中必须重视滑坡研究，国土经济. 1996，(4)：46–49.

[7] 孟晖，胡海涛. 我国主要人类工程活动引起的滑坡、崩塌和泥石流灾害. 工程地质学报，1996，4（4）：69–74.

[8] 盛海洋，李红旗. 我国滑坡、崩塌的区域特征、成因分析及其防御. 水土保持研究，2004，11（3）：208–210.

[9] 刘仁志，倪晋仁. 中国滑坡崩塌危险性区划. 应用基础与工程科学学报，2005，13（1）：9–18.

[10] 张春山等. 汶川地震灾区次生灾害隐患排查与工程设计示范. 北京：中国大地出版社，2009.

[11] 中华人民共和国国土资源部. 2008 年度中国地质环境公报，2008.

[12] 中华人民共和国国土资源部. 2009 年度中国地质环境公报，2009.

[13] 张梁，张业成，罗元华，等. 地质灾害灾情评估理论与实践. 北京：地质出版社，2008.

[14] 马寅生等. 黄河上游新构造活动与地质灾害风险评价. 北京：地质出版社，2003.

[15] 中华人民共和国国土资源部. 2010 年全国地质灾害通报，2010.

[16] 中华人民共和国国土资源部. 2009 年全国地质灾害通报，2009.

[17] 中华人民共和国国土资源部. 2008 年全国地质灾害通报，2008.